工程师经验手记

轻松玩转 ARM Cortex-M0+微控制器
——基于飞思卡尔 FRDM-KL25Z 评估板

刘 佳 编著

北京航空航天大学出版社

内 容 简 介

本书对 Kinetis L 系列 ARM 微控制器的所有片上外设模块进行了介绍。同时，针对每一个模块都提供了上手实验例程，这些例程均是基于飞思卡尔公司推出的"处理器专家（Processor Expert）"这个快速开发软件以及 FRDM－KL25Z 评估板实现的。全书图文并茂，力求简洁。本书所有例程均提供源代码，读者可在网站 http://www.easy-arm.com 上找到，以便于读者参考与验证。

本书可供广大单片机爱好者、研发人员、在校学生以及参加飞思卡尔单片机设计大赛的选手学习参考。

图书在版编目(CIP)数据

轻松玩转 ARM Cortex-M0＋微控制器：基于飞思卡尔 FRDM－KL25Z 评估板 / 刘佳编著. －－ 北京：北京航空航天大学出版社，2014.10

ISBN 978－7－5124－1577－5

Ⅰ. ①轻… Ⅱ. ①刘… Ⅲ. ①微控制器 Ⅳ. ①TP332.3

中国版本图书馆 CIP 数据核字(2014)第 208674 号

版权所有，侵权必究。

轻松玩转 ARM Cortex-M0＋微控制器
——基于飞思卡尔 FRDM-KL25Z 评估板
刘　佳　编著
责任编辑　梅栾芳　栾冬华

*

北京航空航天大学出版社出版发行

北京市海淀区学院路 37 号(邮编 100191)　http://www.buaapress.com.cn
发行部电话：(010)82317024　传真：(010)82328026
读者信箱：emsbook@gmail.com　邮购电话：(010)82316524
涿州市新华印刷有限公司印装　各地书店经销

*

开本：710×1 000　1/16　印张：12.75　字数：272 千字
2014 年 10 月第 1 版　2014 年 10 月第 1 次印刷　印数：3 000 册
ISBN 978－7－5124－1577－5　定价：32.00 元

若本书有倒页、脱页、缺页等印装质量问题，请与本社发行部联系调换。联系电话：(010)82317024

前 言

从大学时期算起,本人学习单片机已近十年。相信和广大单片机爱好者一样,只有兴趣的驱使才能够让我们一直坚持下来。起初,学习单片机还真是一段痛苦的经历。大学期间的《微机原理》和《汇编语言》,这些使得初学者觉得单片机真是一个高深的东西。MCS-51 外接扩展 ROM 或 RAM 要大费一番力气,要好好研究一下 74 系列锁存器、缓冲器门电路的使用;汇编语言就更是让人头疼,特别是跳转(JMP)语句,跳来跳去搞得人一头雾水。诚然,大学教材更偏重于理论知识,以培养学生的逻辑思维能力;但个人感觉纷繁冗长的理论知识很容易扼杀学生学习单片机的兴趣,学习单片机的目的在于学以致用,服务于人们的生产、生活。兴趣才是最大的老师!

2005 年,偶得沈文老师编写的《AVR 单片机 C 语言开发入门》一书,这本书介绍 AVR 单片机和使用 C 语言编程,真的使人眼前一亮。那时候看起来强大的单片机资源用简单调用 C 语言库函数编程的方式,大大降低了单片机的开发难度,也培养了一批 AVR 单片机的粉丝。

2007 年,一个偶然的机会参加了飞思卡尔公司举办的一个单片机技术讲座,该讲座的一个章节介绍了飞思卡尔单片机快速开发工具"处理器专家(Processor Expert)"的使用,从此就喜欢上了这个工具以及飞思卡尔的单片机。使用"处理器专家",完全不必去关注某个寄存器或寄存器某个位的配置情况,而只需使用一个图形化的设置界面,按照需求配置好,该工具就会自动生成经过飞思卡尔公司官方测试的程序代码,然后在自己的 main 函数或中断函数中添加生成好的代码即可。研发工程师们不会为单片机各模块的驱动程序编写与调试而费心,可集中精力于算法及应用层面程序的编写。而其他单片机厂商提供的往往是外设驱动软件库(Driver Lib)接口函数(API),研发工程师需要仔细阅读冗长的 API 使用手册。

有了便捷的软件开发工具,还需要有强大硬件资源的单片机。2008—2009 年,一些公司的 ARM Cortex-M3 内核单片机产品在市场上风靡一时,得到了广大用户的喜爱。所以,在 2010 年,飞思卡尔公司率先推出业内第一款 Cortex-M4 内核单片机,命名为 Kinetis K 系列;2011 年,飞思卡尔公司又率先推出业内第一款 Cortex-

前 言

M0+内核单片机,并命名为 Kinetis L 系列。此后,又陆续推出 M 系列、W 系列、E 系列和 EA 系列,大大丰富了 ARM Cortex-M 系列产品的种类。可以把飞思卡尔比喻成一个大的单片机超市,在种类繁多的单片机产品中,定有一款产品满足您的设计需求。同时,飞思卡尔公司也针对 Kinetis 产品推出了"处理器专家(Processor Expert)"工具。本书中涉及的 Kinetis 单片机实验均是基于"处理器专家(Processor Expert)"这个工具实现的。相信广大读者耐心阅读完全书后,一定会喜欢上这个工具。写本书的主旨也在于让广大的工程师朋友从复杂的数据手册和 API 函数使用说明中解脱出来,在使用高性能产品的同时,大大降低设计的开发难度。

此外,"处理器专家"的使用方法具有一定的通用性,通读本书后,读者可将本书所介绍的例程轻松地移植到飞思卡尔公司其他类型的单片机产品上,如 Kinetis 的其他系列机型、S08 内核单片机、S12 内核单片机和 Coldfire 内核单片机和 DSC 数字信号控制器。

此书能够得以出版要感谢北京航空航天大学出版社嵌入式系统图书分社的大力支持和帮助。同时,也要感谢飞思卡尔公司各位工程师的帮助。最后,还要感谢爱女刘泰然的理解和鼓励,编写此书牺牲了很多与她玩耍的时间。

此外,本人的经验和水平有限,书中如有错误,恳请广大读者批评指正。如果您对此书的内容有任何意见或建议,可通过以下方式与我联系:

E-mail:jdkj@vip.163.com

网站:www.easy-arm.com

QQ 群:263921617
　　　 116247540
　　　 316204313

刘　佳
2014 年 6 月于北京

目 录

第1章 飞思卡尔 Kinetis L 系列单片机简介 1
1.1 Kinetis L 系列单片机各家族产品介绍 2
1.1.1 KL0 系列——入门级单片机 2
1.1.2 KL1 系列——通用级单片机 3
1.1.3 KL2 系列——带 USB 接口的单片机 4
1.1.4 KL3 系列——带段式 LCD 显示的单片机 5
1.1.5 KL4 系列——带 USB 接口和段式 LCD 显示的单片机 6
1.2 Kinetis L 系列单片机的命名规则 7
1.3 Kinetis L 系列单片机的软硬件开发环境 7
1.3.1 Kinetis L 系列单片机的硬件开发环境 7
1.3.2 Kinetis L 系列单片机的软件开发环境 8

第2章 飞思卡尔 FRDM-KL25Z 评估板使用初探 9
2.1 FRDM-KL25Z 评估板概述 9
2.2 实验前的一些准备工作 11

第3章 通用目的 I/O 模块介绍及操作例程 15
3.1 通用目的 I/O(GPIO)模块介绍 15
3.2 通用目的 I/O 模块上手实验(实验一) 15

第4章 系统时钟模块介绍及操作例程 29
4.1 系统时钟模块介绍 29
4.2 系统时钟模块上手实验(实验二) 30

目 录

第 5 章 ADC 模/数转换模块介绍及操作例程 ………………………………… 34
5.1 ADC 模/数转换模块介绍 ……………………………………………………… 34
5.2 ADC 模/数转换模块上手实验(实验三) ……………………………………… 35
5.2.1 轮询模式(Poll Mode) ……………………………………………… 35
5.2.2 中断模式(Interrupt Mode) ………………………………………… 44

第 6 章 UART 异步收发传输通信模块介绍及操作例程 ………………………… 48
6.1 UART 异步收发传输通信模块介绍 …………………………………………… 48
6.2 UART 异步收发传输通信模块上手实验(实验四) …………………………… 48
6.2.1 轮询模式(Poll Mode) ……………………………………………… 48
6.2.2 中断模式(Interrupt Mode) ………………………………………… 57
6.2.3 使用 Terminal Component 实现 …………………………………… 59

第 7 章 PIT 定时器模块和 LPTMR 定时器模块介绍及操作例程 ……………… 63
7.1 PIT 定时器模块和 LPTMR 定时器模块介绍 ………………………………… 63
7.2 LPTMR 模块产生周期性中断上手实验(实验五) …………………………… 63

第 8 章 TPM 模块介绍及操作例程 ……………………………………………… 69
8.1 TPM 模块介绍 ………………………………………………………………… 69
8.2 TPM 模块上手实验 …………………………………………………………… 69
8.2.1 TPM 模块生成方波、PWM 波和 PPG 波(实验六) ………………… 69
8.2.2 TPM 模块对外部事件计数上手实验(实验七) ……………………… 86
8.2.3 TPM 模块实现输入捕获功能上手实验(实验八) …………………… 95

第 9 章 INT 外部中断模块介绍及操作例程 ……………………………………… 110
9.1 INT 外部中断模块介绍 ………………………………………………………… 110
9.2 INT 外部中断模块上手实验(实验九) ………………………………………… 110

第 10 章 片上 FLASH 模块介绍及操作例程 …………………………………… 117
10.1 片上 FLASH 模块介绍 ……………………………………………………… 117
10.2 片上 FLASH 模块上手实验(实验十) ……………………………………… 117

第 11 章 DAC 数/模转换模块介绍及操作例程 ………………………………… 128
11.1 DAC 数/模转换模块介绍 …………………………………………………… 128
11.2 DAC 数/模转换模块上手实验(实验十一) ………………………………… 128

第 12 章　Comparator 模拟比较器模块介绍及操作例程 ········· 132

12.1　Comparator 模拟比较器模块介绍 ········· 132
12.2　Comparator 模拟比较器模块上手实验(实验十二) ········· 132

第 13 章　TSI 电容式触摸感应模块介绍及操作例程 ········· 136

13.1　TSI 电容式触摸感应模块介绍 ········· 136
13.2　TSI 电容式触摸感应模块上手实验(实验十三) ········· 137

第 14 章　I²C 通信模块介绍及操作例程 ········· 148

14.1　I²C 通信模块介绍 ········· 148
14.2　I²C 通信模块上手实验(实验十四) ········· 148

第 15 章　USB 通信模块介绍及操作例程 ········· 157

15.1　USB 通信模块介绍 ········· 157
15.2　USB 通信模块上手实验(实验十五) ········· 157
15.2.1　HID 类 USB 通信协议 ········· 157
15.2.2　CDC 类 USB 通信协议 ········· 172

第 16 章　低功耗特性介绍及操作例程 ········· 182

16.1　飞思卡尔 Kinetis L 系列单片机低功耗特性介绍 ········· 182
16.2　低功耗特性上手实验(实验十六) ········· 183
16.2.1　由 VLLS 模式唤醒 ········· 183
16.2.2　由 LLS 模式唤醒 ········· 190

参考文献 ········· 195

第 1 章

飞思卡尔 Kinetis L 系列单片机简介

2012年6月,飞思卡尔半导体公司率先推出业内首款基于 ARM Cortex-M0+ 处理器内核的超低功耗单片机——Kinetis L 系列产品。Cortex-M0+ 内核的功耗大约是现有任意一款8位或16位处理器的三分之一,但性能却提高了 2~40 倍。Kinetis L 系列单片机在超低功耗运行(VLPR)模式下的功耗仅为 50 μA/MHz。该系列单片机还提供了多种睡眠模式,单片机可根据不同的中断唤醒源,从睡眠模式迅速切换到工作模式,待处理数据完成之后再迅速返回到睡眠状态,从而延长了电池的使用寿命。此外,Kinetis L 系列单片机的某些节能外设可在单片机处于深度睡眠模式时正常工作。因此,Kinetis L 系列单片机是小家电、游戏机配件、个人电脑外设、便携式医疗系统、音频系统、智能电表、照明和数字电源等产品开发的不二之选。

这里再简要介绍一下 Kinetis 其他系列产品的主要特点,其开发环境和片上外设的使用与 L 系列是相同的。掌握了 L 系列的使用方法,再掌握其他系列的产品也是易如反掌的。

1. Kinetis K 系列

Kinetis K 系列与 L 系列最大的区别就是它的内核使用的是 ARM Cortex-M4 处理器内核,主频也比 L 系列要高,且 K 系列产品线十分丰富,共有 200 种产品可供选择。其中,MK10 与 L 系列的 MKL10 系列是 Pin to Pin 兼容的;MK20 与 L 系列的 MKL20 系列是 Pin to Pin 兼容的;MK30 与 L 系列的 MKL30 系列是 Pin to Pin 兼容的;MK40 与 L 系列的 MKL40 系列是 Pin to Pin 兼容的。如果客户使用 L 系列开发完产品后,需要向更高速更高性能去升级,完全不用再去画 PCB,直接换上 K 系列的产品即可。

2. Kinetis M 系列

Kinetis M 系列产品也是基于 ARM Cortex-M0+ 处理器内核的,所有 M 系列产品都包含一个模拟前端(AFE)和4个24位 Σ-Δ 模/数转换器(ADC)以及两个低噪声可编程增益放大器(PGA)。因此,该系列产品的目标应用市场是电表以及测量仪器。

3. Kinetis W 系列

KW20 系列产品基于 ARM Cortex-M4 处理器内核,片上集成有 2.4G 射频收发器;KW01 系列产品基于 ARM Cortex-M0+处理器内核,片上集成有 Sub-1G 射频收发器。因此,W 系列产品的目标应用市场是无线传感器网络、无线数据采集等领域。

4. Kinetis E 系列

Kinetis E 系列产品也是基于 ARM Cortex-M0+处理器内核的,E 系列产品可在复杂电气噪声环境和要求高可靠性的应用中保持高稳定性,而且有丰富的内存、外设和产品包可供选择。

5. Kinetis EA 系列

Kinetis EA 系列产品是飞思卡尔半导体公司 2014 年推出的面向汽车级产品应用的 ARM Cortex-M0+处理器内核产品。该系列产品全部经过汽车级产品认证。

1.1 Kinetis L 系列单片机各家族产品介绍

接下来详细介绍一下 L 系列产品的各大家族。目前,Kinetis L 系列单片机共分为 KL0、KL1、KL2、KL3、KL4 五大家族,其中 KL0 家族是入门级产品,程序存储空间较小;KL1 家族为通用级产品;在 KL1 家族的基础上增加 USB 功能,就变成了 KL2 家族;在 KL2 家族的基础上增加段式 LCD 显示功能,就变成了 KL4 家族;在 KL1 家族的基础上增加段式 LCD 显示功能,就变成了 KL3 家族;在 KL3 家族的基础上增加 USB 功能,就变成了 KL4 家族,如图 1-1 所示。下面将分别对这五大家族产品进行详细介绍。

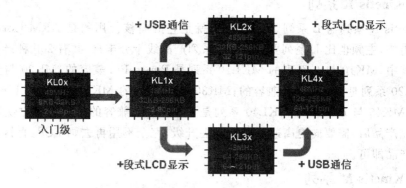

图 1-1 Kinetis L 系列单片机五大家族关系图

1.1.1 KL0 系列——入门级单片机

KL0 系列是 Kinetis L 系列的入门级产品,封装较小。该系列产品的 RAM 从 1~4 KB,FLASH 从 8~32 KB,封装从 4 mm×4 mm 24-pin QFN 到 48-pin LQFP。与其他所有 Kinetis L 系列单片机的软件和开发工具相互兼容。该系列产品不仅具备超低功耗的性能,还包含一套丰富的模拟、通信、定时和控制外设。

该系列产品的片上资源如下:
- 12 位 ADC,可设置分辨率、采样时间和转换速度及功耗;
- 片上集成有温度传感器,可测量芯片运行时的温度;
- 高速电压比较器,并内置一个 6 位 DAC,可作为电压比较器的输入源;
- 支持 DMA 功能的 12 位 DAC;
- 一个 6 通道和一个 2 通道的 16 位低功耗定时器 PWM 模块,并支持 DMA 功能;
- 2 通道 32 位周期中断定时器(PIT)可为实时操作系统任务调度程序提供时基(tick),或为 ADC 转换提供触发信号源;
- 低功耗定时器(low power timer)能够在除 VLLS0 外的所有睡眠或工作模式下运行,可用于在睡眠模式下的周期性唤醒单片机;
- 带日历的实时实钟(RTC);
- 电容式触摸传感接口支持多达 16 个外部电极,并支持 DMA 功能;
- 通用 I/O 均带有外部中断触发和 DMA 请求功能;
- 一个支持 DMA 功能的 I^2C 通信接口,最高通信速率可达 100 kbps,并与 SMBus V2 兼容;
- 一个支持 DMA 功能的低功耗 UART 通信接口;
- 一个支持 DMA 功能的 SPI 通信接口。

1.1.2　KL1 系列——通用级单片机

KL1 系列是 Kinetis L 系列的通用级产品,该系列产品的 RAM 为 4~32 KB,FLASH 为 32~256 KB,封装从 5 mm×5 mm 32-pin QFN 到 80-pin LQFP。与其他所有 Kinetis L 系列单片机以及 Kinetis MK1 系列(ARM Cortex-M4 核)单片机的软件和开发工具相互兼容,并且 Kinetis MKL1 系列(ARM Cortex-M0+核)与 Kinetis MK1 系列(ARM Cortex-M4 核)的引脚也是 Pin to Pin 兼容的,这就为产品向更高性能迁移提供了可能,用户可在不改变任何硬件的情况下,使用性能更高的 ARM Cortex-M4 核系列产品。KL1 系列产品不仅具备超低功耗的性能,还包含一套丰富的模拟、通信、定时和控制外设。

该系列产品的片上资源如下:
- 16 位 ADC,可设置分辨率、采样时间和转换速度及功耗,具有单端和差分输入模式供用户使用;
- 片上集成有温度传感器,可测量芯片运行时的温度;
- 高速电压比较器,并内置一个 6 位 DAC,可作为电压比较器的输入源;
- 支持 DMA 功能的 12 位 DAC;
- 一个 6 通道和两个 2 通道的 16 位低功耗定时器 PWM 模块,并支持 DMA 功能;

- 2通道32位周期中断定时器(PIT)可为实时操作系统任务调度程序提供时基(tick),或为ADC转换提供触发信号源;
- 低功耗定时器(low power timer)能够在除VLLS0外的所有睡眠或工作模式下运行,可用于在睡眠模式下的周期性唤醒单片机;
- 带日历的实时实钟(RTC);
- 电容式触摸传感接口支持多达16个外部电极,并支持DMA功能;
- 通用I/O均带有外部中断触发和DMA请求功能;
- 两个支持DMA功能的I^2C通信接口,最高通信速率可达100 kbps,并与SMBus V2兼容;
- 一个支持DMA功能的低功耗UART;
- 两个通用型UART通信接口;
- 两个支持DMA功能的SPI通信接口;
- 一个面向音频应用的I^2S模块。

1.1.3 KL2系列——带USB接口的单片机

KL2系列产品内集成了带稳压器的全速USB 2.0 OTG(On-The-Go)控制器。该系列产品的RAM为4~32 KB,FLASH为32~256 KB,封装从5 mm×5 mm 32-pin QFN到121-pin MBGA。与所有其他Kinetis L系列单片机以及Kinetis MK20系列(ARM Cortex-M4核)单片机的软件和开发工具相互兼容,并且Kinetis MKL2系列(ARM Cortex-M0+核)与Kinetis MK2系列(ARM Cortex-M4核)的引脚也是Pin to Pin兼容的,这就为产品向更高性能迁移提供了可能,用户可在不改变任何硬件的情况下,使用性能更高的ARM Cortex-M4核系列产品。该系列产品不仅具备超低功耗的性能,还包含一套丰富的模拟、通信、定时和控制外设。这些特性使Kinetis KL2系列单片机非常适用于需要USB通信接口的设备,如电脑外设、数据记录仪等。

该系列产品的片上资源如下:

- 16位ADC,可设置分辨率、采样时间和转换速度及功耗,具有单端和差分输入模式供用户使用;
- 片上集成有温度传感器,可测量芯片运行时的温度;
- 高速电压比较器,并内置一个6位DAC,可作为电压比较器的输入源;
- 支持DMA功能的12位DAC;
- 一个6通道和两个2通道的16位低功耗定时器PWM模块,并支持DMA功能;
- 2通道32位周期中断定时器(PIT)可为实时操作系统任务调度程序提供时基(tick),或为ADC转换提供触发信号源;
- 低功耗定时器(low power timer)能够在除VLLS0外的所有睡眠或工作模式

下运行,可用于在睡眠模式下的周期性唤醒单片机;
- 带日历的实时时钟(RTC);
- 电容式触摸传感接口支持多达 16 个外部电极,并支持 DMA 功能;
- 通用 I/O 均带有外部中断触发和 DMA 请求功能;
- 两个支持 DMA 功能的 I^2C 通信接口,最高通信速率可达 100 kbps,并与 SMBus V2 兼容;
- 一个支持 DMA 功能的低功耗 UART;
- 两个通用型 UART 通信接口;
- 两个支持 DMA 功能的 SPI 通信接口;
- 一个面向音频应用的 I^2S 模块;
- USB 2.0 On-The-Go 全速接口,并集成了 USB 电压稳压器,可提供 120 mA 的输出电流。

1.1.4 KL3 系列——带段式 LCD 显示的单片机

KL3 系列产品增加了一个灵活的低功耗段式 LCD 显示控制器,最多可支持 376 (8×47)个段。该系列产品的 RAM 为 8~32 KB,FLASH 为 64~256 KB,封装从 64-pin LQFP 到 121-pin MBGA。与所有其他 Kinetis L 系列单片机以及 Kinetis MK30 系列(ARM Cortex-M4 核)单片机的软件和开发工具相互兼容,并且 Kinetis MKL3 系列(ARM Cortex-M0+核)与 Kinetis MK3 系列(ARM Cortex-M4 核)的引脚也是 Pin to Pin 兼容的,这就为产品向更高性能迁移提供了可能,用户可在不改变任何硬件的情况下,使用性能更高的 ARM Cortex-M4 核系列产品。该系列产品不仅具备超低功耗的性能,还包含一套丰富的模拟、通信、定时和控制外设。这些特性使 Kinetis KL3 系列单片机非常适用于需要显示功能的应用,如电子秤、温控器、流量计和智能电表。

该系列产品的片上资源如下:
- 16 位 ADC,可设置分辨率、采样时间和转换速度及功耗,具有单端和差分输入模式供用户使用;
- 片上集成有温度传感器,可测量芯片运行时的温度;
- 高速电压比较器,并内置一个 6 位 DAC,可作为电压比较器的输入源;
- 支持 DMA 功能的 12 位 DAC;
- 一个 6 通道和两个 2 通道的 16 位低功耗定时器 PWM 模块,并支持 DMA 功能;
- 2 通道 32 位周期中断定时器(PIT)可为实时操作系统任务调度程序提供时基(tick),或为 ADC 转换提供触发信号源;
- 低功耗定时器(low power timer)能够在除 VLLS0 外的所有睡眠或工作模式下运行,可用于在睡眠模式下的周期性唤醒单片机;

- 带日历的实时实钟(RTC)；
- 电容式触摸传感接口支持多达 16 个外部电极,并支持 DMA 功能；
- 通用 I/O 均带有外部中断触发和 DMA 请求功能；
- 两个支持 DMA 功能的 I^2C 通信接口,最高通信速率可达 100 kbps,并与 SMBus V2 兼容；
- 一个支持 DMA 功能的低功耗 UART；
- 两个通用型 UART 通信接口；
- 两个支持 DMA 功能的 SPI 通信接口；
- 灵活的低功率 LCD 控制器,最高可支持 376 个段($47 \times 8 \sim 51 \times 4$)。

1.1.5 KL4 系列——带 USB 接口和段式 LCD 显示的单片机

KL4 系列产品将一个全速 USB 2.0 On‑The‑Go(OTG)控制器(集成式低压稳压器)和一个灵活的低功耗段式 LCD 控制器相结合。该系列产品的 RAM 为 16～32 KB,FLASH 为 128～256 KB,封装从 64‑pin LQFP 到 121‑pin MBGA。与所有其他 Kinetis L 系列单片机以及 Kinetis MK40 系列(ARM Cortex-M4 核)单片机的软件和开发工具相互兼容,并且 Kinetis MKL4 系列(ARM Cortex-M0+核)与 Kinetis MK4 系列(ARM Cortex-M4 核)的引脚也是 Pin to Pin 兼容的,这就为产品向更高性能迁移提供了可能,用户可在不改变任何硬件的情况下,使用性能更高的 ARM Cortex-M4 核系列产品。该系列产品不仅具备超低功耗的性能,还包含一套丰富的模拟、通信、定时和控制外设。

该系列产品的片上资源如下：

- 16 位 ADC,可设置分辨率、采样时间和转换速度及功耗,具有单端和差分输入模式供用户使用；
- 片上集成有温度传感器,可测量芯片运行时的温度高速电压比较器,并内置一个 6 位 DAC,可作为电压比较器的输入源；
- 支持 DMA 功能的 12 位 DAC；
- 一个 6 通道和两个 2 通道的 16 位低功耗定时器 PWM 模块,并支持 DMA 功能；
- 2 通道 32 位周期中断定时器(PIT)可为实时操作系统任务调度程序提供时基(tick),或为 ADC 转换提供触发信号源；
- 低功耗定时器(low power timer)能够在除 VLLS0 外的所有睡眠或工作模式下运行,可用于在睡眠模式下的周期性唤醒单片机；
- 带日历的实时实钟(RTC)；
- 电容式触摸传感接口支持多达 16 个外部电极,并支持 DMA 功能；
- 通用 I/O 均带有外部中断触发和 DMA 请求功能；
- 两个支持 DMA 功能的 I^2C 通信接口,最高通信速率可达 100 kbps,并与

第 1 章 飞思卡尔 Kinetis L 系列单片机简介

SMBus V2 兼容；
- 一个支持 DMA 功能的低功耗 UART；
- 两个通用型 UART 通信接口；
- 两个支持 DMA 功能的 SPI 通信接口；
- USB 2.0 On-The-Go 全速接口，并集成了 USB 电压稳压器，可提供 120 mA 的输出电流；
- 灵活的低功率 LCD 控制器，最高可支持 376 个段（47×8～51×4）。

1.2 Kinetis L 系列单片机的命名规则

飞思卡尔 Kinetis L 系列单片机的命名规则的如图 1-2 所示，便于读者选型或采购器件时参考。

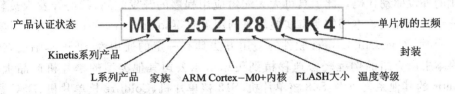

图 1-2 Kinetis L 系列单片机命名规则

1.3 Kinetis L 系列单片机的软硬件开发环境

1.3.1 Kinetis L 系列单片机的硬件开发环境

Kinetis L 系列单片机的开发也十分简便。飞思卡尔推出的 FRDM-KL25Z 评估板是一款高性价比的小型评估和开发系统，适用于原型样机的快速验证。它是业内首个基于 ARM Cortex-M0+ 内核微控制器的评估和开发平台，具有小巧、低功耗、高效能的特点。FRDM-KL25Z 可以用来评估 KL0、KL1 和 KL2 系列单片机。该评估板的主单片机为飞思卡尔的 MKL25Z128VLK，属于 KL2 系列，主频为 48 MHz，具有 128 KB FLASH、16 KB RAM、一个全速 USB 控制器和大量的模拟和数字外设。板载硬件还包括：RGB 三基色 LED、一个三轴加速度传感器 MMA8451Q 和一个用于电容触摸的滑动条。本书的所有实验均是基于该评估板实现的。该评估板的建议零售价为 12.95 美元，您可以去飞思卡尔网站在线订购。在我们的网站 http://www.easy-arm.com 上有 FRDM-KL25Z 评估板的原理图。

FRDM-KL25Z 评估板兼容 Arduino 原型平台，Arduino 联盟提供了众多的扩展功能板支持。接下来，简单介绍一下 Arduino 平台，更多的信息读者可去网络上搜索。

Arduino 是一种便捷灵活、方便上手的开源电子原型平台,适用于艺术家、设计师、电子爱好者和对于"互动"有兴趣的朋友们。Arduino 平台可以通过各种各样的传感器来感知环境,并通过控制灯光、马达和其他装置来反馈、影响环境。您可以自己动手制作 Arduino 平台,也可以购买成品套装。在 Arduino 联盟里您可以下载到许多利用该平台开发出的令人惊艳的互动作品。

1.3.2 Kinetis L 系列单片机的软件开发环境

目前,主流的软件开发环境均支持 Kinetis L 系列单片机的开发,如:Keil、IAR、GNU。同时,也可以使用飞思卡尔公司提供技术支持的 Codewarrior IDE 开发环境。此外,飞思卡尔公司还提供了一个功能强大的图形化软件快速开发工具——Processor Expert(处理器专家)。该软件基于 GUI 界面,可根据配置自动生成 C 语言代码。无需阅读芯片的任何文档,即可轻松地生成经过飞思卡尔公司测试验证和优化的外设驱动代码。此工具可大大缩短应用程序的开发时间,帮助开发人员轻松快速地完成样机。本书的所有实验均是利用 Processor Expert 这个强大的工具实现的。同时,Processor Expert 软件的使用方法具有一定的通用性,通读本书后,读者可将本书所介绍的例程轻松地移植到飞思卡尔公司其他类型的单片机产品上,如 Kinetis 的其他系列机型:S08 核单片机、S12 核单片机、Coldfire 核单片机、DSC 数字信号控制器。

读者可以在网站 http://www.easy-arm.com 上找到 Codewarrior 10.6 评估板软件的安装包。如果您已经习惯了使用 Keil 或 IAR 等编译环境,Processor Expert 软件还提供了单机版,可集成到 Keil 或 IAR 等编译环境中去。

第 2 章

飞思卡尔 FRDM – KL25Z 评估板使用初探

2.1 FRDM-KL25Z 评估板概述

初见此评估板的感觉就是：太小了！能用它来评估什么功能呢？不过它还是很便宜的，才 $12.95。但是，稍微思考一下，您信不信能用它来验证 MKL25 单片机片上的所有资源。

首先，来看一下 FRDM-KL25Z 评估板的资源：
- OpenSDA 调试接口，用于向评估板上的单片机烧写和调试程序；
- 三基色 LED；
- 电容式触摸滑条；
- 飞思卡尔三轴加速度传感器——MMA8451Q；
- 灵活的电源选择，可通过任何板载 USB 连接器提供电源；
- 纽扣电池卡座；
- 复位按钮；
- USB 通信接口；
- 芯片 I/O 扩展口。

图 2-1 所示为 FRDM-KL25Z 评估板外形图。

接下来，再看一下该评估板上单片机 MKL25Z128VLK5 的片上资源：
- ARM Cortex-M0+内核，48 MHz 内核频率，支持完整的电压范围和宽温度范围（实验 2 将介绍该模块的使用）；
- 时钟独立的 COP（看门狗），可防止程序跑飞；
- 16 位 ADC，可设置分辨率、采样时间和转换速度及功耗，具有单端和差分输入模式供用户使用（实验 3 将介绍该模块的使用）；
- 片上集成有温度传感器，可测量芯片运行时的温度（实验 3 将介绍该模块的使用）；
- 支持 DMA 功能的 12 位 DAC（实验 11 将介绍该模块的使用）；

第 2 章 飞思卡尔 FRDM-KL25Z 评估板使用初探

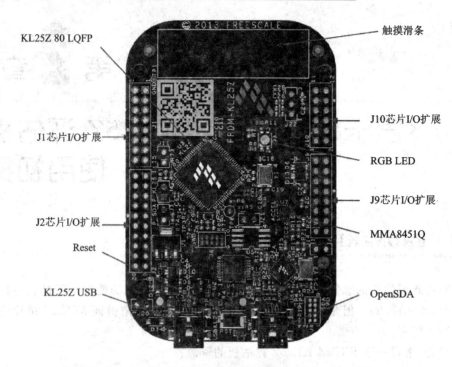

图 2-1 FRDM-KL25Z 评估板外形

- 带内置 DAC 的高速比较器 CMP（实验 12 将介绍该模块的使用）；
- 两个 6 通道和 1 个 2 通道 16 位低功耗定时器 PWM 模块，支持 DMA（实验 6 将介绍该模块的使用）；
- 两通道 32 位周期中断定时器，可为 RTOS 任务调度程序提供时基，或为 ADC 转换提供触发信号源（实验 5 将介绍该模块的使用）；
- 带日历功能的实时实钟；
- 电容式触摸传感接口，支持多达 16 个外部电极和 DMA 数据传输（实验 13 将介绍该模块的使用）；
- 通用 I/O 引脚，支持外部中断、DMA 请求功能（实验 1 将介绍该模块的使用）；
- USB 2.0 On-The-Go（全速），集成 USB 低压稳压器，可为单片机外部组件提供 120 mA、3.3 V 的电源（实验 15 将介绍该模块的使用）；
- 两个支持 DMA 的 I^2C，速率高达 100 kbps，可与 SMBus V2 特性兼容（实验 14 将介绍该模块的使用）；
- 1 个 LPUART，两个 UART，支持 DMA（实验 4 将介绍该模块的使用）；
- 两个 SPI，支持 DMA；
- I^2S 模块，面向音频应用。

本书接下来的部分将会使用 FRDM-KL25Z 评估板来验证 MKL25Z128VLK5

的这些片上资源。

2.2 实验前的一些准备工作

如果您拿到手的是一块崭新的评估板,则需要对 FRDM-KL25Z 评估板的固件(Firmware)进行修改。出厂时的默认固件(Firmware)是不可对芯片进行调试的。具体步骤如下:

① 首先将一根 Mini – USB 线插入 OpenSDA 调试器接口,如图 2 - 2 所示。

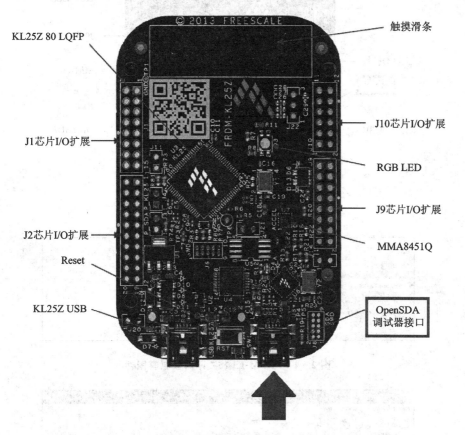

图 2 - 2 将 Mini – USB 线插入 OpenSDA 调试器接口

② 按住 FRDM-KL25Z 评估板上的 Reset 键不松开,如图 2 - 3 所示。将 Mini – USB 线的另一端连接到电脑。

此时,电脑会将评估板默认识别成为一个"U 盘",如图 2 - 4 所示。

③ 双击这个"U 盘",出现如图 2 - 5 所示的界面。

④ 将 DEBUG – APP_Pemicro_v102. SDA 文件(在我们的网站 http://www.easy – arm.com 上可以找到)拷贝至"U 盘"中,如图 2 - 6 所示。

第 2 章　飞思卡尔 FRDM-KL25Z 评估板使用初探

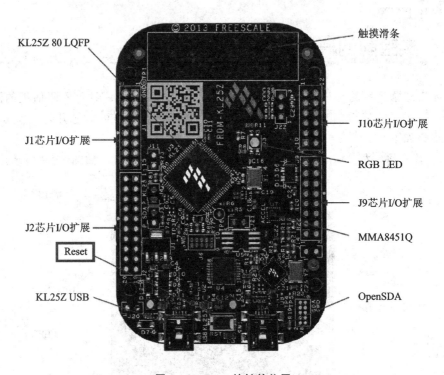

图 2-3　Reset 按键的位置

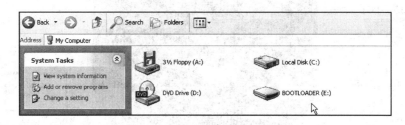

图 2-4　FRDM-KL25Z 评估板原有固件

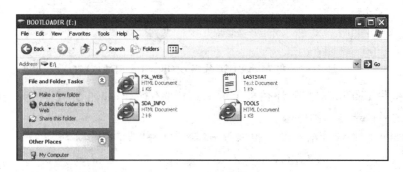

图 2-5　FRDM-KL25Z 评估板原有固件内容

第 2 章 飞思卡尔 FRDM-KL25Z 评估板使用初探

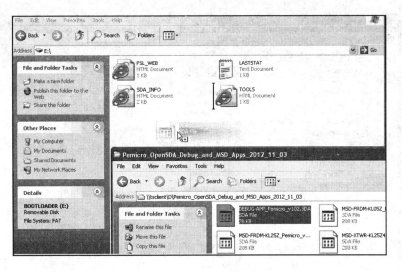

图 2-6 更新评估板固件

⑤ 拷贝完成后,单击打开 LASTSTAT 文件,该文本文件应显示"Completed."。这表示固件升级成功了。如图 2-7 所示。

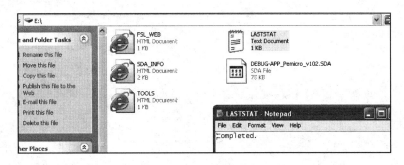

图 2-7 评估板固件更新状态

⑥ 将评估板与电脑的 USB 线连接断开,然后再重新将评估板和电脑用 USB 线连接,注意:这次连线时不要按住 Reset 键。此时,会提示安装驱动程序,按照提示步骤一步一步进行安装,安装好后会在设备管理器里面看到一个新的设备 PEMicro OpenSDA Debug Driver。如图 2-8 所示。

至此,评估板上的调试器程序就算安装成功了。您可以通过这个板载的 Open-SDA 调试器进行程序的烧写和调试了。下一章将介绍最基本的点灯实验。

第 2 章　飞思卡尔 FRDM-KL25Z 评估板使用初探

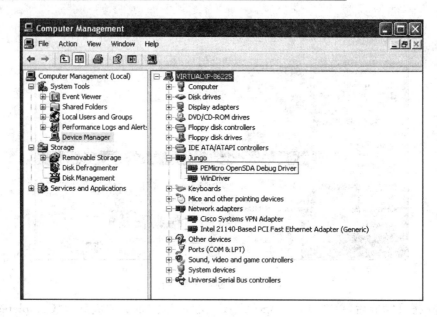

图 2-8　设备管理器中的新设备

第 3 章

通用目的 I/O 模块介绍及操作例程

3.1 通用目的 I/O(GPIO)模块介绍

通用目的 I/O 模块,也称作 GPIO 模块,用来控制单片机的输入/输出,是单片机最基本的控制功能之一。MKL25Z128VLK5 这款芯片最多可提供 66 个 I/O 引脚。当单个 I/O 引脚配置为输出时,可输出的最大电流为±25 mA,但需要注意的是,单片机总共可提供的输出电流最大为 120 mA,不可超过此值,否则会对芯片产生永久性损坏。当 I/O 模块配置为输入时,可通过软件选择为芯片内部上拉或是下拉。

接下来,通过一个实验来实现 GPIO 模块的操作功能,使用 FRDM-KL25Z 评估板上的三基色 LED 灯来显示效果。从 FRDM-KL25Z 评估板的原理图中(原理图可从 http://www.easy-arm.com 下载)可以看出,单片机的 PTB18、PTB19、PTD1 引脚分别与红色 LED、绿色 LED、蓝色 LED 相连,如图 3-1 所示。

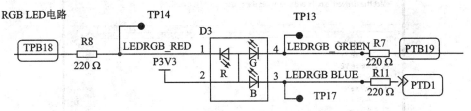

图 3-1 三基色 LED 电路原理图

3.2 通用目的 I/O 模块上手实验(实验一)

我们来做第一个上手实验。

首先,打开 Codewarrior 10.6 集成开发环境(软件安装包可从 http://www.easy-arm.com 下载),如图 3-2 所示。

用鼠标单击工具栏中"File—>New—>BareBoard Project",新建一个项目,如图 3-3

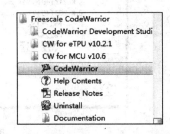

图 3-2 Codewarrior 10.6 集成开发环境

第3章 通用目的 I/O 模块介绍及操作例程

所示。

在项目名称中填入"Lab-1",单击 Next,如图 3-4 所示。

图 3-3 新建项目

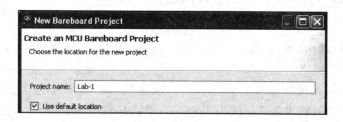

图 3-4 项目命名

选择机型为 MKL25Z128。单击 Next,如图 3-5 所示。

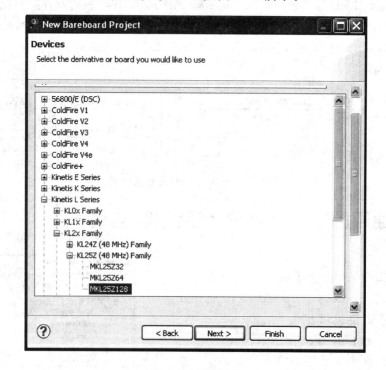

图 3-5 选择机型

第3章 通用目的 I/O 模块介绍及操作例程

选择调试工具为 OpenSDA。单击 Next，如图 3-6 所示。

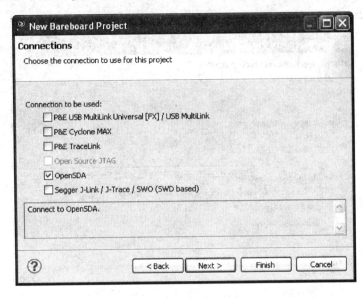

图 3-6 选择调试工具

Language 下选择 C 编程。单击 Next，如图 3-7 所示。

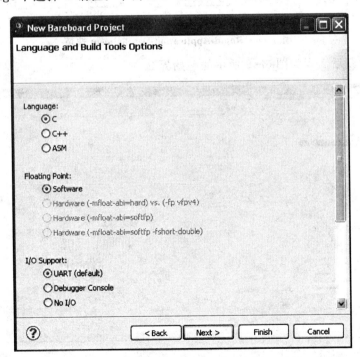

图 3-7 编程语言选择

第3章 通用目的I/O模块介绍及操作例程

在 Rapid Application Development 下选择 Processor Expert。单击 Finish，如图 3-8 所示。

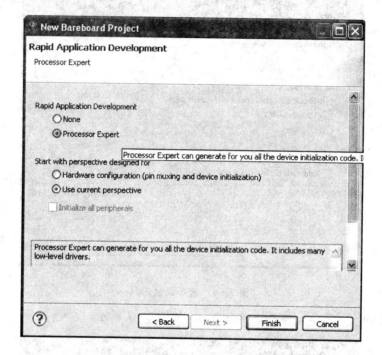

图 3-8　Rapid Application Development 选项

稍等片刻后出现如图 3-9 所示的起始界面。

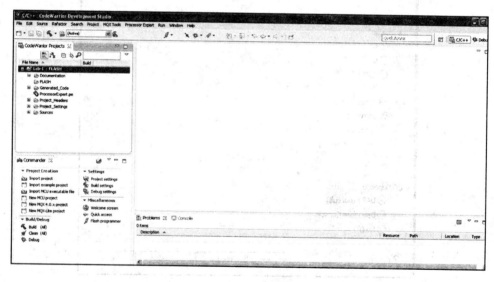

图 3-9　起始界面

第3章 通用目的 I/O 模块介绍及操作例程

至此,一个新项目的框架建立完成。

鼠标双击"Processor Expert.pe"图标,出现如图 3-10 所示界面。

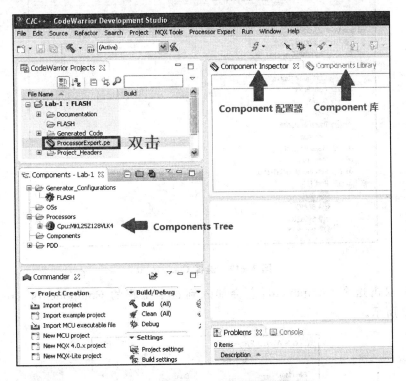

图 3-10 Processor Expert 配置界面

其中,Components Tree 显示这个项目中用到的所有 Component;Component 配置器用于对 Component 的属性、方法、事件进行配置;Component Library 显示所有的 Components。

单击 Component Library 图标,出现如图 3-11 所示信息。

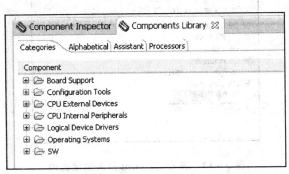

图 3-11 Component Library

选择"CPU Internal Peripherals—>Port I/O—>BitIO",如图 3-12 所示。

第3章　通用目的 I/O 模块介绍及操作例程

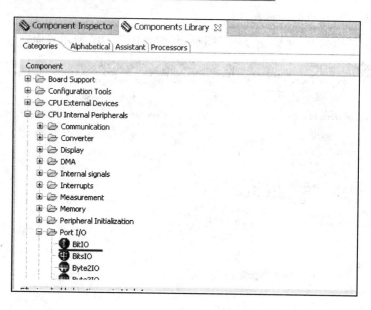

图 3-12　选择 Component

鼠标双击这个 Component，它会加入到这个工程的 Components Tree 中，如图 3-13 所示。

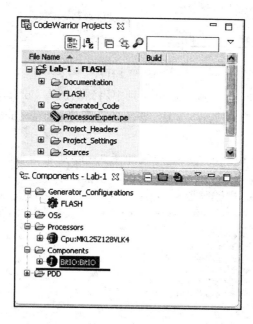

图 3-13　将 Component 加入到项目中

单击 Component Inspector，可以看到"红色惊叹号"显示的错误信息，如图 3-14 所示。这是由于没有给这个 I/O 配置一个 Pin。

第 3 章　通用目的 I/O 模块介绍及操作例程

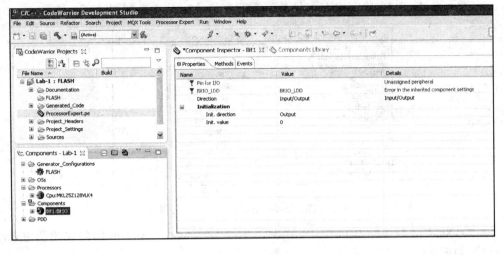

图 3-14　错误信息

单击 Pin for I/O,出现下拉菜单,用来选择 I/O 的 Pin。选择 PTB18,可用它来驱动红色的 LED,如图 3-15 所示。

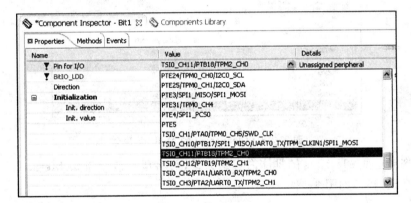

图 3-15　Pin for I/O 设置

此时,报错信息消失。这时已将这个 Component 的 Properties(属性)配置好了。这个引脚的方向为输出(Output),初始值(Init value)为 0(低电平),如图 3-16 所示。

图 3-16　Component 的属性配置

第 3 章 通用目的 I/O 模块介绍及操作例程

接下来，单击 Methods 图标，选择所需的方法（Methods），如图 3-17 所示。

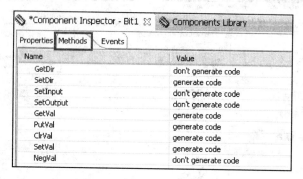

图 3-17 Component 的 Methods 设置

将 NegVal 列选择为 generate code。NegVal 方法用于对 Pin 脚的输出值进行反转，如图 3-18 所示。

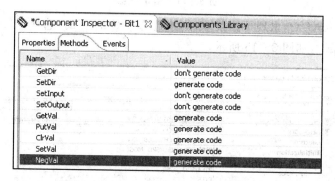

图 3-18 Component 的 Methods 设置

若您对这些 Methods 的具体内容感兴趣，可将鼠标悬浮于该 Methods 上，就会显示出帮助信息，如图 3-19 所示。

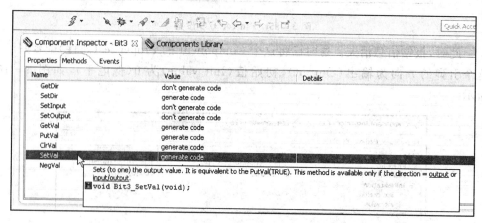

图 3-19 Methods 的帮助信息

此时,所需的方法(Methods)也选择好了。单击工程树下 Sources 文件夹里的 ProcessorExpert.c 文件,如图 3-20 所示。

图 3-20 选择 ProcessorExpert.c 文件

此时,ProcessorExpert.c 文件出现,如下图 3-21 所示。

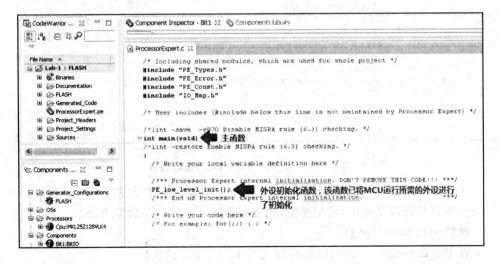

图 3-21 ProcessorExpert.c 文件详情

在 ProcessorExpert.c 文件中,可以看到主函数 main()和外设初始化函数 PE_Low_level_init(),PE_Low_level_init()函数已将 MCU 运行所需的外设进行了初始化。将鼠标放到该函数上,右击,选择 Open Declaration,可以看到该函数的具体内容。如图 3-22 所示。

第3章 通用目的 I/O 模块介绍及操作例程

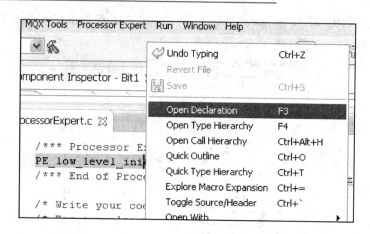

图 3-22 查看函数源码

PE_Low_level_init()函数的具体内容如图 3-23 所示。

```
void PE_low_level_init(void)
{
#ifdef PEX_RTOS_INIT
    PEX_RTOS_INIT();                    /* Initialization of the selected RTOS. */
#endif
    /* Initialization of the SIM module */
    /* PORTA_PCR4: ISF=0,MUX=7 */
    PORTA_PCR4 = (uint32_t)((PORTA_PCR4 & (uint32_t)~(uint32_t)(
                 PORT_PCR_ISF_MASK
                )) | (uint32_t)(
                 PORT_PCR_MUX(0x07)
                ));
    /* Initialization of the RCM module */
    /* RCM_RPFW: RSTFLTSEL=0 */
    RCM_RPFW &= (uint8_t)~(uint8_t)(RCM_RPFW_RSTFLTSEL(0x1F));
    /* RCM_RPFC: RSTFLTSS=0,RSTFLTSRW=0 */
    RCM_RPFC &= (uint8_t)~(uint8_t)(
                 RCM_RPFC_RSTFLTSS_MASK |
                 RCM_RPFC_RSTFLTSRW(0x03)
```

图 3-23 PE_Low_level_init()函数源码

至此,您已初步体会到使用 Processor Expert 这个快速开发工具所带来的好处了——所有代码自动生成,使用简便,无需纠缠于冗长的产品数据手册。

继续回到 main() 函数。

在 PE_Low_level_init() 函数后写入 "for(; ;) { }" 函数。

```
int main(void)
/* lint -restore Eable NISRA rule (6.3) checking. */
{
    /* Write your local variable definition here */

    /*** Processor Expert internal initialization. DON'T REMOVE THIS CODE!!! ***/
```

```
  PE_low_level_init();
  /*** End of Processor Expert internal initialization.              ***/
  /* Write your code here */
  /* For example: */
  for(;;){}
  /*** Don't write any code pass this line, or it will be deleted during code genera-
tion. ***/
  /*** RTOS startup code. Nacro PEX_RTOS_START is defined by the RTOS component.
DON'T MODIFY T: ***/
  #ifdef PEX_RTOS_START
    PEX_RTOS_START();
  #endif
```

在这个无限循环函数中"写入"应用代码。这里之所以给写入加上引号,是因为我们根本不用自己写代码,直接拖拽即可,步骤如下:

① 将"BitIO" Compenoent 图标前面的加号"+"点开,可以看到这个 Compenoent 所提供的 Methods。需要使用 NegVal 这个 Method,如图 3-24 所示。

② 用鼠标点中这个图标,将其拖拽到"for(;;){}"函数中,如图 3-25、图 3-26 所示。

这时,第一个项目就算完成了。

单击菜单栏中的"锤子图标"即可对项目进行编译,如图 3-27 所示。如没有出现报错信息即表示这个项目编译通过了。

图 3-24　选择"NegVal"Method

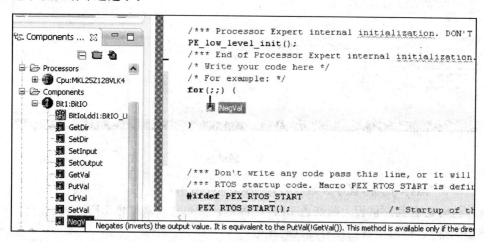

图 3-25　添加代码

第3章 通用目的I/O模块介绍及操作例程

```
PE_low_level_init();
/*** End of Processor Expert internal initialization.
/* Write your code here */
/* For example: */
for(;;) {
    Bit1_NegVal();
}
```

图3-26 添加代码

接下来单击菜单栏中的"虫子图标",即可进入调试和下载界面,如图3-28所示。

图3-27 项目编译

图3-28 项目调试

调试界面如图3-29所示。

图3-29 调试界面

单击"运行"图标,程序开始运行,如图3-30所示。

这时会看到评估板上的红色LED在闪烁。您可能发现红色LED一直在点亮而不是闪烁,这是由于我们没有加延时函数。

回到main()函数中,加入如下代码,进行延时:

第 3 章　通用目的 I/O 模块介绍及操作例程

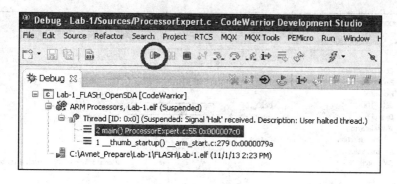

图 3-30　程序运行

```
/*** processor Expert internal initialization. DON'T REMOVE THIS CODE!!! ***/
PE_low_level_init();
/*** End of Processor Expert internal initialization.                    ***/
/* Write your code here */
/* For example: */

word i;
for(; ;) {
    Bit1_NegVal ();
    for(i = 0;i<60000;i ++) {}
}
```

重新单击"锤子图标" 进行编译，再单击"虫子图标" 进入调试和下载界面，再单击"运行" 图标。

这时，即可看到红色 LED 在闪烁了。

至此，实验就做完了，希望您能对 Codewarrior 集成开发环境和 Processor Expert 系统的使用有一个感性的认识。

接下来，做一个进阶实验，让评估板上的三基色 LED 灯依次闪烁，实现更好看的效果。

在刚刚完成的实验基础上再添加两个"BitIO"Compenoent。并将 Pin for I/O 分别选择 PTB19 和 PTD1，对应着绿色 LED 和蓝色 LED，如图 3-31 所示。

接下来，分别单击两个"BitIO" Compenoent 的 Methods，将 NegVal 列选择为 generate code。如图 3-32 所示。

回到 main() 函数中，加入如下代码：

```
word i;
for(; ;) {
    Bit1_NegVal ();
    for(i = 0;i<60000;i ++) {}
```

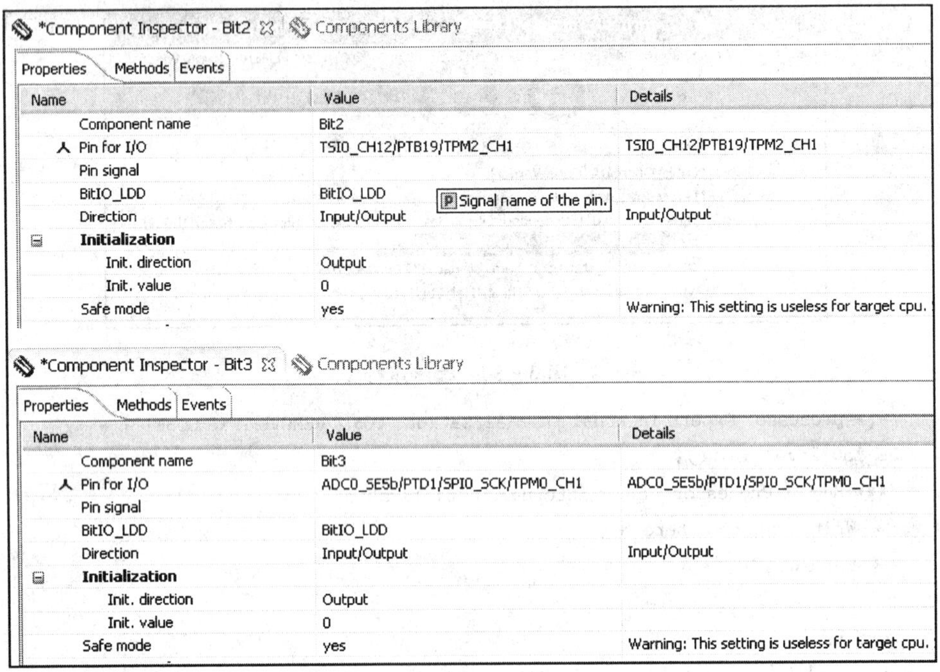

第3章 通用目的 I/O 模块介绍及操作例程

图 3-31 Component 的属性配置

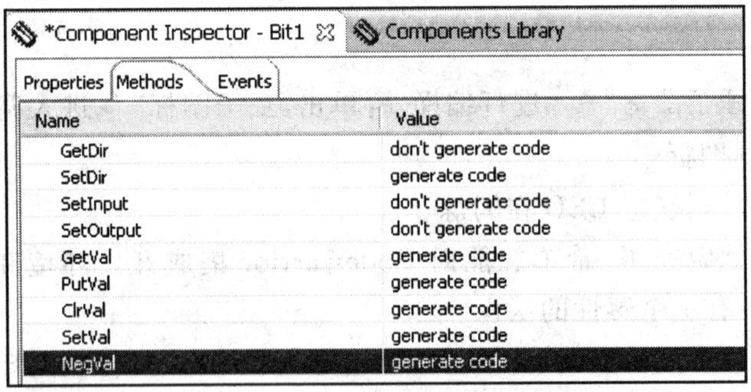

图 3-32 Component 的 Methods 设置

```
Bit2_NegVal ();
for(i = 0;i<60000;i++){}
Bit3_NegVal ();
for(i = 0;i<60000;i++){}
}
```

重新单击"锤子图标" ，进行编译，再单击"虫子图标" 进入调试和下载界面，再单击"运行" 图标。

这时，即可看到彩灯闪烁的效果了。

第 4 章

系统时钟模块介绍及操作例程

4.1 系统时钟模块介绍

首先来仔细研究一下时钟模块系统框图,如图 4-1 所示。

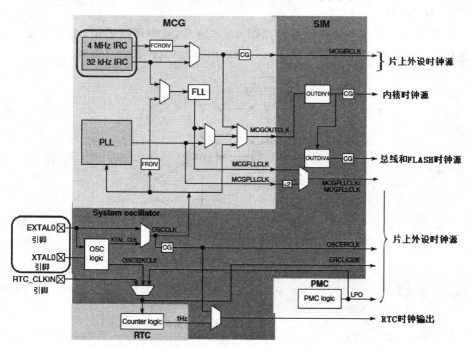

图 4-1 时钟模块系统框图

从中可以看到在单片机内部有两个内部参考时钟(IRC),两个时钟的频率分别为 4 MHz 和 32 kHz。其中 32 kHz 的时钟可经过锁频环(FLL)倍频到更高的频率,作为内核、总线、FLASH 的时钟源,即 FEI(FLL Engaged Internal)模式;4 MHz 的时钟可为某些片上外设提供时钟源。

此外,为了获得更高的时钟精度,还可以在 EXTAL0 和 XTAL0 引脚上接入外部时钟源(如晶体或振荡器),再经过锁频环(FLL)或锁相环(PLL)倍频得到更高的

第 4 章 系统时钟模块介绍及操作例程

频率,作为内核、总线、FLASH 的时钟源,即 FEE(FLL Engaged External)和 PEE(PLL Engaged External)模式。

Kinetis L 系列单片机的时钟一共有以下几种工作模式:
- FLL Engaged Internal(FEI):使用内部时钟,使用锁频环倍频;
- FLL Engaged External(FEE):使用外部时钟,使用锁频环倍频;
- FLL Bypassed Internal(FBI):使用内部时钟,不经锁频环(bypass FLL);
- FLL Bypassed External(FBE):使用外部时钟,不经锁频环(bypass FLL);
- PLL Engaged External(PEE):使用外部时钟,使用锁相环倍频;
- PLL Bypassed External(PBE):使用外部时钟,不经锁相环(bypass PLL);
- Bypassed Low Power Internal(BLPI):使用内部时钟,不经锁相环和锁频环的低功耗运行模式;
- Bypassed Low Power External(BLPE):使用外部时钟,不经锁相环和锁频环的低功耗运行模式。

各工作模式间相互转换的路径如图 4-2 所示,从中可以看出,单片机在 Reset 状态后进入的默认模式为 FEI 模式,即:使用内部时钟,经锁频环倍频。

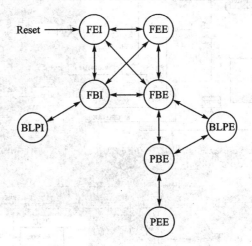

图 4-2 工作模式间相互转换的路径

4.2 系统时钟模块上手实验(实验二)

在实验一中,使用的是 Processor Expert 系统默认的时钟设置,这个实验的时钟是如何设置的呢?让我们来一探究竟。

用鼠标双击"Cpu:MKL25Z128VLK4"这个 Component,如图 4-3 所示。
在 Component Inspector 窗口中会显示时钟的配置信息,如图 4-4 所示。
将 Clock settings 前的加号"+"点开,会显示时钟配置的详细信息,如图 4-5 所示。

第 4 章 系统时钟模块介绍及操作例程

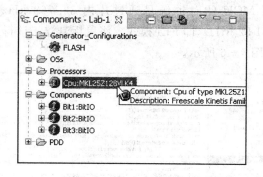

图 4-3 双击"Cpu：MKL25Z128VLK4"

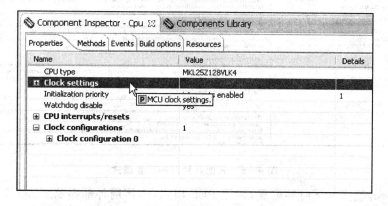

图 4-4 时钟配置信息

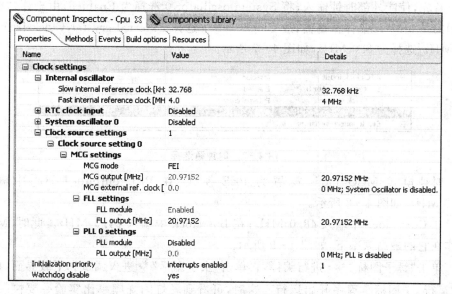

图 4-5 时钟配置信息详情

第4章 系统时钟模块介绍及操作例程

这时,可以看到 MCU 的时钟源是通过片内 32.768 kHz 振荡器,经锁频环(FLL)倍频到 20.971 52 MHz,即 FEI 模式。将鼠标悬浮于该行上,可以看到其他几种时钟配置模式,如图 4-6 所示。

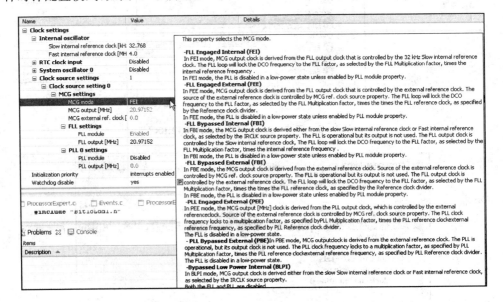

图 4-6 其他几种时钟配置模式

接下来,改变一下时钟配置,使用 PEE 模式,即使用外部振荡器、经锁相环倍频的模式。

首先,使能外部时钟输入,将 System oscillator 0 选择为 Enabled,由于评估板上使用的是 8 MHz 晶体振荡器,故 Clock source 选择 External crystal;Clock frequency[MHz]选择为 8.0 MHz,如图 4-7 所示。

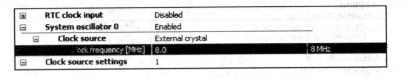

图 4-7 时钟源选择

时钟模式 MCG mode 配置为 PEE 模式,在 PLL output[MHz]中输入 96.0 MHz,如图 4-8 所示。

在 Core clock 中输入 48.0 MHz;在 Bus clock 中输入 24.0 MHz。此时,MCU 工作在它的最高频率下,如图 4-9 所示。

单击"锤子图标" 进行编译,再单击"虫子图标" 进入调试和下载界面,再单击"运行" 图标。程序开始运行。这时,可看到彩灯闪烁频率比实验一要快一些。

接下来,在 Core clock 中输入 6.0 MHz;在 Bus clock 中输入 1.0 MHz,如图 4-10

Clock source settings	1	
Clock source setting 0		
MCG settings		
MCG mode	PEE	
MCG output [MHz]	96.0	96 MHz
MCG external ref. clk	8.0	8 MHz
FLL settings		
FLL module	Disabled	
FLL output [MHz]	0.0	0 MHz; FLL is disabled.
PLL 0 settings		
PLL module	Enabled	
PLL output [MHz]	96.0	96 MHz

图 4-8 PEE 模式时钟配置

Clock configurations	1	
Clock configuration 0		
Clock source setting	configuration 0	
System clocks		
Core clock	48.0	48 MHz
Bus clock	24.0	24 MHz
TPM clock selection	Auto select	PLL/FLL clock
Clock frequency [MH	48.0	48 MHz

图 4-9 内核和总线时钟配置

System clocks		
Core clock	6.0	6 MHz
Bus clock	1.0	1 MHz

图 4-10 内核和总线时钟配置

所示。此时,MCU 工作在较低的频率下。

单击"锤子图标" 进行编译,再单击"虫子图标" 进入调试和下载界面,再单击"运行"图标,程序开始运行。这时,可看到彩灯闪烁频率比实验一要慢一些了。至此,实验二完成。

这里再谈一点小技巧。Processor Expert 系统之所以将 FEI 模式设置为默认模式,是因为在设计初始阶段,外部振荡器电路的设计有很多需要注意的细节问题,稍有不慎就很可能造成振荡器电路不起振,导致单片机初始化程序无法执行,单片机不工作。先使用内部时钟作为时钟源,可确保单片机完成初始化工作,能正常启动。

第 5 章

ADC 模/数转换模块介绍及操作例程

5.1 ADC 模/数转换模块介绍

ADC 模/数转换模块作为 MCU 片上的重要外设经常会被用到。ADC 模块用来采集模拟电压信号，然后转换成 CPU 可以处理的数字信号。在实际应用中，电压信号由各类型传感器产生，然后将此电压转换为单片机可识别的范围，如 0～3.3 V 或 0～5.0 V，再输入进单片机的 ADC 模块转换成数字信号量。

FRDM-KL25Z 评估板板载单片机 MKL25Z128VLK5 的 ADC 模块具有如下特点：

- 基于线性逐次逼近式算法(SAR)，最高可达 16 位分辨率。
- 支持多达四对差分和二十四个单端输入通道。
- 数字输出方式：
  差分输入具有 16 位、13 位、11 位和 9 位模式；
  单端输入具有 16 位、12 位、10 位和 8 位模式 。
- 差分输入模式下，输出格式为 2 的 16 位补码形式。
- 单端输入模式下，输出格式为右对齐无符号格式。
- 支持单次转换和连续转换。在单次转换模式下，转换完成后，模块会自动返回到空闲模式，以降低功耗。
- 可配置采样时间和转换速度及功耗。
- ADC 模块可选择四种输入时钟源。
- ADC 模块运行在低功耗模式下，可获得更低的 ADC 输入噪声。
- 可选择硬件触发源，触发 ADC 转换。
- ADC 具有自动比较的功能，当 ADC 转换值小于、大于或等于预编程的阈值时，可触发中断。
- 片上集成有温度传感器，可测量芯片运行时的温度。
- 具有硬件均值功能。
- 可选择参考电压源。

第5章 ADC 模/数转换模块介绍及操作例程

5.2 ADC 模/数转换模块上手实验(实验三)

5.2.1 轮询模式(Poll Mode)

接下来将演示如何使用 FRDM-KL25Z 评估板上的 ADC 模块。由于 FRDM-KL25Z 评估板上没有电位器,故使用单片机片上的温度传感器(TempSensor)、ADC 参考电压源(V_refsh)和带隙参考电压源(Bandgap)来作为 ADC 的输入通道。

按照实验一和实验二介绍的步骤来新建一个项目,并将 MCU 的时钟模式配置成 PEE 模式,即:外部 8 MHz 晶体经锁相环倍频。MCU 工作频率设置为 Core clock 48.0 MHz,Bus clock 24.0 MHz,如图 5-1 所示。

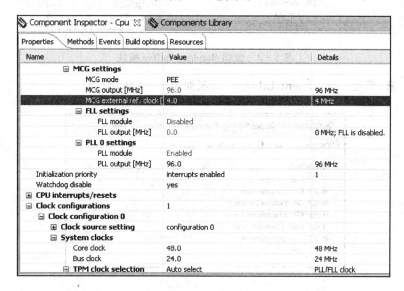

图 5-1 系统时钟配置

此外,这个实验使用了带隙参考电压源(Bandgap),因此需要将 Bandgap buffer 模块使能。将 Component Inspector 窗口切换到 Expert 模式,如图 5-2 所示。

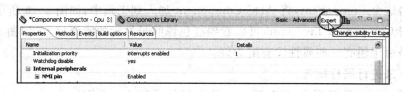

图 5-2 切换到 Expert 模式视图

这时,Properties 多了一些选项,将 Internal peripherals—>Power management controller—>Bandgap buffer 选择为使能 Enabled,如图 5-3 所示。

第 5 章　ADC 模/数转换模块介绍及操作例程

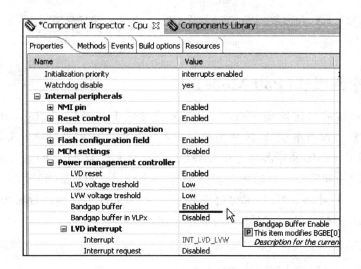

图 5-3　使能 Bandgap buffer 模块

接下来,单击 Component Library,出现如图 5-4 所示信息。

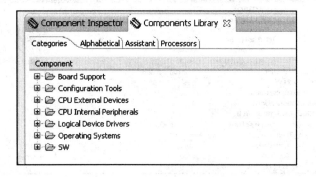

图 5-4　Component Library

选择 CPU Internal Peripherals －＞Converter －＞ADC －＞ADC,如图 5-5 所示。

双击这个 Component,将 ADC Component 加入到工程中,如图 5-6 所示。

单击 Component Inspector,可以看到红色惊叹号显示的错误信息,如图 5-7 所示。这是由于还有一些属性没有配置好。

接下来进行属性配置。

A/D channels 选择为 3,对应为 3 路模拟信号输入。A/D channel(pin)分别选择 Bandgap、V_refsh 和 TempSensor。ADC 转换时间 Conversion time 选择为最快的 6.25 μs,ADC 转换时间和时钟源有关。ADC 属性设置如图 5-8 所示。

单击 Methods,选择所需的方法(Methods),如图 5-9 所示。

第 5 章 ADC 模/数转换模块介绍及操作例程

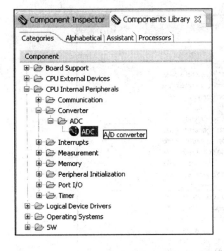

图 5-5 选择 ADC Component

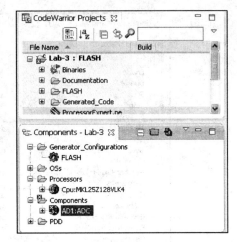

图 5-6 添加 ADC Component

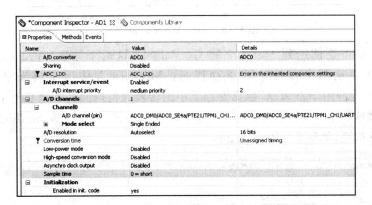

图 5-7 错误信息

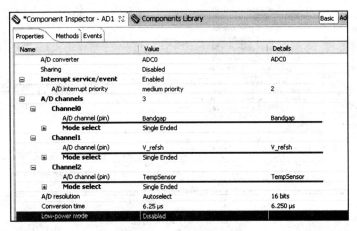

图 5-8 ADC 属性设置

第 5 章 ADC 模/数转换模块介绍及操作例程

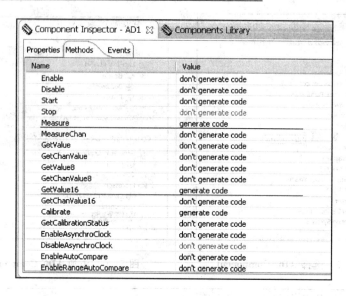

图 5-9 ADC Methods 设置

这个实验需要使用到 Measure 和 GetValue16 这两个方法。Processor Expert 系统已默认对这两个方法生成驱动代码。Measure 方法用于启动 ADC 转换；GetValue16 方法用于将 ADC 数据寄存器中的转换数值取回到本地变量中。

若您对这些 Methods 的具体内容感兴趣,可将鼠标悬浮于该 Methods 上,则会显示出帮助信息,如图 5-10 所示。

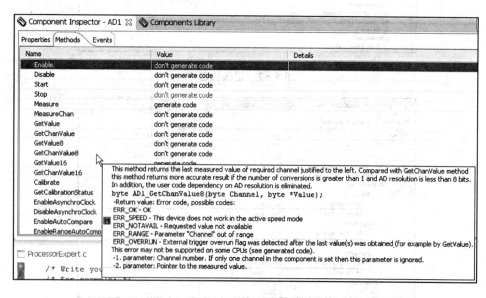

图 5-10 帮助信息

至此,所需的方法(Methods)也选择好了。

第 5 章　ADC 模/数转换模块介绍及操作例程

接下来,单击工程树下 Sources 文件夹里的 ProcessorExpert.c 文件,如图 5-11 所示。

图 5-11　ProcessorExpert.c 文件

此时,ProcessorExpert.c 文件出现,在 main()函数里,写入"for(;;) { }"函数。

如下所示:

```
int main{void}
/* linc - restore Eable NISRA rule (6.3) checking. */
{
    /* Write your local variable definition here */

    /*** processor Expert internal initialization. DON'T REMOVE THIS CODE!!! ***/
    PE_low_level_init();
    /*** End of Processor Expert internal initialization.                   ***/
    /* Write your code here */
    /* for example: */
    for(;;){}
    /*** Don't write any code pass this line, or it will be deleted during code genera-
tion. ***/
    /*** RTOS startup code. Nacro PEX_RTOS_START is defined by the RTOS component. DON'T
MODIFY T:***/
    #ifdef PEX_RTOS_START
        PEX_RTOS_START{};
    #endif
```

第 5 章 ADC 模/数转换模块介绍及操作例程

在这个无限循环函数中"写入"应用代码。我们需要使用到 Measure 和 GetValue16 这两个方法。用鼠标点中 Measure 这个图标,将其拖拽到"for(;;) { }"函数中,再用鼠标点中 GetValue16 这个图标,将其拖拽到"for(;;) {}",如图 5-12 所示。

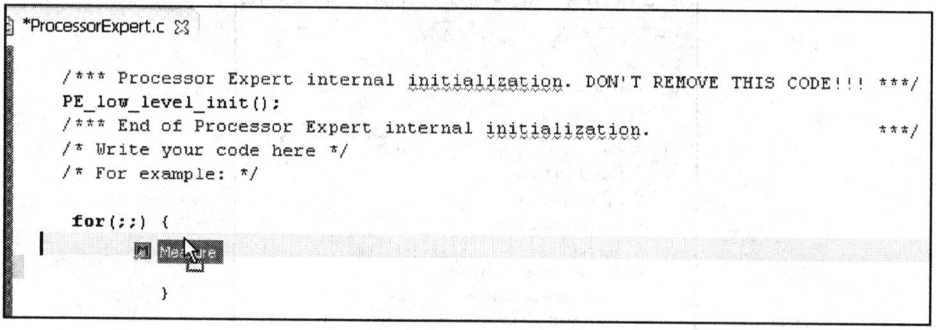

```
/*** Processor Expert internal initialization. DON'T REMOVE THIS CODE!!! ***/
PE_low_level_init();
/*** End of Processor Expert internal initialization.                    ***/
/* Write your code here */
/* For example: */

for(;;) {
    Measure
    }
```

(a)

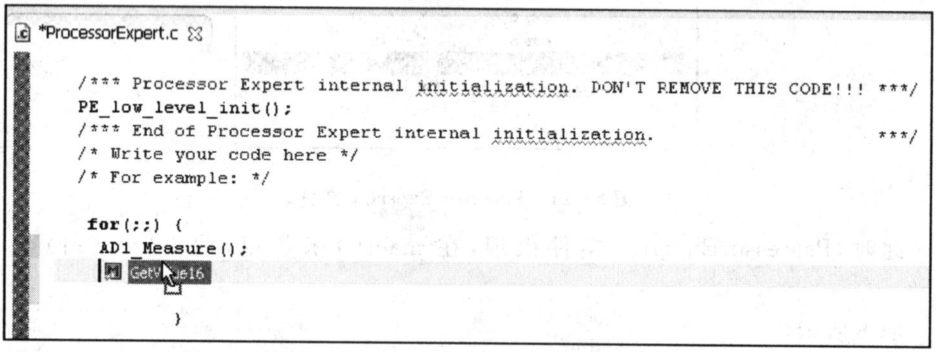

```
/*** Processor Expert internal initialization. DON'T REMOVE THIS CODE!!! ***/
PE_low_level_init();
/*** End of Processor Expert internal initialization.                    ***/
/* Write your code here */
/* For example: */

for(;;) {
    AD1_Measure();
    GetValue16
    }
```

(b)

```
/*** Processor Expert internal initialization. DON'T REMOVE THIS CODE!!! ***/
PE_low_level_init();
/*** End of Processor Expert internal initialization.                    ***/
/* Write your code here */
/* For example: */

for(;;) {
    AD1_Measure();
    AD1_GetValue16();
    }
```

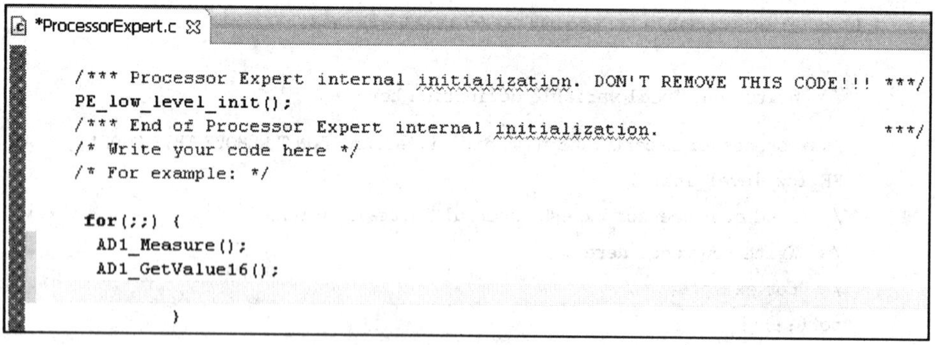

(c)

图 5-12 在主程序中添加 Method

接下来,给 Measure 和 GetValue16 这两个方法写入形式参数。可以点中 Component 图标,按右键,选择 Help on Component。此时,针对该 Component 的帮助信息页面会出现,您可以详细查看每一种 Methods 所涉及的形式参数应该如何设置,

第 5 章 ADC 模/数转换模块介绍及操作例程

如图 5-13 所示。

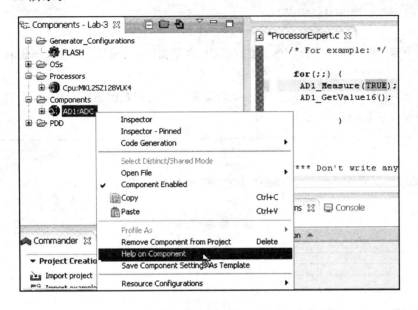

图 5-13 查看帮助文档

在 AD1_Measure() 中写入 TRUE,代表等待转换结果完成:

```
/* For example: */

for (;;) {
  AD1_Measure(TRUE);
  AD1_GetValue16();
}
```

再声明一个全局数组变量 result[3],数据类型为 word。在 AD1_GetValue16() 中写入刚刚定义的这个数组名 result,用于将 ADC 转换结果存储于这个本地变量:

```
/* User includes (#include below this line is not maint
word result[3];
/* lint -save -e970 Disable MISRA rule (6.3) checking.
int main(void)
/* lint -restore Enable MISAR rule (6.3) checking. */
{
    /* Write your local varible definition here */
    /*** Processor Expert internal initialization. DON'T
PE_low_level_init();
    /*** End of Processor Expert internal initialization.
    /* Write your code here */
    /* For example: */
    for (;;) {
```

第5章 ADC模/数转换模块介绍及操作例程

```
    AD1_Measure(TRUE);
    AD1_GetValue16(result);
}
```

接下来,单击"锤子图标"🔨·进行编译,再单击"虫子图标"🐛进入调试和下载界面,再单击"运行"▶图标。

这时,还看不到 result 的数值。我们需将它加入到观察器窗口中,单击观察器窗口中的 Variables 栏,如图 5-14 所示。

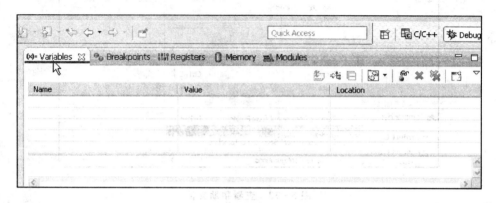

图 5-14 观察器窗口

按右键添加全局变量 Add Global Variables,如图 5-15 所示。

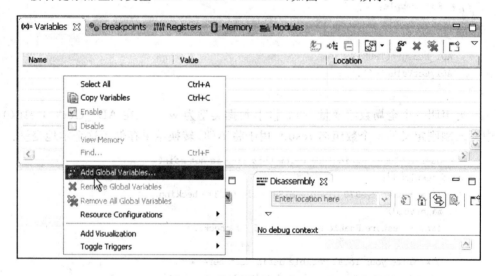

图 5-15 添加全局变量

在弹出的全局变量列表中选择 result,如图 5-16 所示。

再选择"刷新"图标 ·,选择 Refresh While Running(运行时刷新)。这时,可以看到 result 数组的数值在发生变化,如图 5-17 所示。其中 result[0]代表芯片上

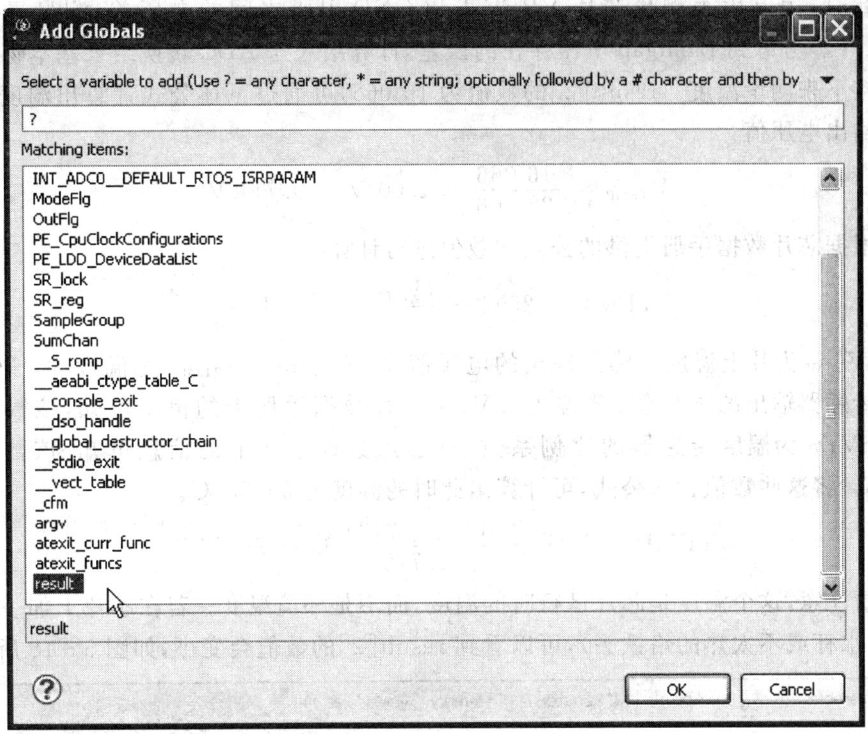

第 5 章　ADC 模/数转换模块介绍及操作例程

图 5-16　选择全局变量

带隙参考电压(Bandgap)的输出值,该值应该很稳定;result[1]代表 ADC 参考电压源高电平(V_refsh);result[2]代表着芯片上温度传感器(TempSensor)的输出值。

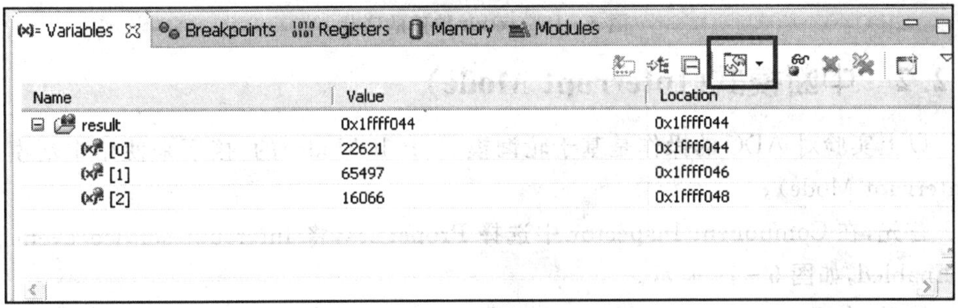

图 5-17　result 数组的数值

让我们来验证一下这三个数值是否正确。result[0]为 22 606,其对应着 1.00V(该数值一般在数据手册中标出);result[1]为 65 497,代表着 ADC 参考电压源高电平(V_refsh)。通过如下公式,可以计算出 V_refsh:

$$V\_refsh = \frac{65\ 497}{22\ 606} \times 1.00\ V = 2.89\ V$$

第 5 章　ADC 模/数转换模块介绍及操作例程

此时,用万用表测量芯片 VREFH 和 GND 引脚之间的电压差,测量显示为 2.901 V。考虑到 Bandgap 电压存在的误差,计算结果与 ADC 转换结果基本吻合。

接下来测量温度。result[2]的数值为 16 066,可通过下述公式计算出温度传感器的输出电压值:

$$V_{\text{TEMP}} = \frac{16\,066}{22\,606} \times 1.00\text{ V} = 0.711\text{ V}$$

根据芯片数据手册提供的公式和数值进行计算:

$$\text{TEMP} = 25\text{℃} - \frac{(V_{\text{TEMP}} - V_{\text{TEMP25}})}{m}$$

式中,V_{TEMP} 为片上温度传感器输出的电压值,单位为 mV;V_{TEMP25} 为温度为 25 ℃时温度传感器输出的电压值,单位为 mV,从芯片数据手册上的信息可知,该数值为 719 mV;m 为温度传感器的比例系数,从芯片数据手册上的信息可知,该数值为 1.715。将这些数值代入公式,可计算出此时的温度为 29.66 ℃。

$$\text{TEMP} = 25\text{ ℃} - \frac{(711-719)}{1.715}\text{℃} = 29.66\text{ ℃}$$

请注意,这个温度是芯片运行时的温度,而不是环境温度。若在芯片上加一个热源(热水杯或不太热的烙铁头),可以看到 result[2]的数值会变小,如图 5-18 所示。

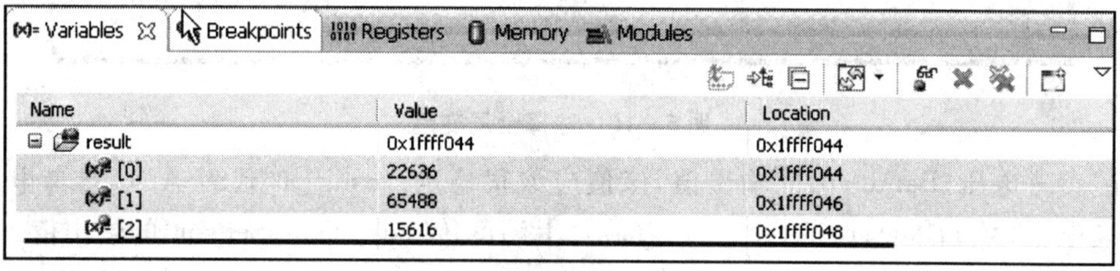

图 5-18　result 数值的变化

5.2.2　中断模式(Interrupt Mode)

以上实验对 ADC 的操作是基于轮询模式(Poll Mode)的,接下来使用中断模式(Interrupt Mode)。

首先,在 Component Inspector 中选择 Properties,将 Interrupt service/event 使能 Enabled,如图 5-19 所示。

然后,在 Component Inspector 中选择 Events,将 OnEnd 事件选择为 generate code 生成代码,如图 5-20 所示。这代表在 ADC 模块转换完成时,会触发这个中断。

接下来,如前所述,单击工程树下 Sources 文件夹里的 ProcessorExpert.c 文件,将 main()函数中的 AD1_GetValue16()函数删除。

```
for(;;){
  AD1_Measure(TRUE);
  }
```

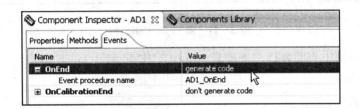

图 5-19 使能中断事件

图 5-20 使能 OnEnd 中断事件

单击工程树下 Sources 文件夹里的 Events.c 文件,找到 void AD1_OnEnd (void)这个函数:

```
**         service/event> property is enabled.
**     Parameters  : None
**     Returns     : Nothing
** ===================================================
*/
void AD1_OnEnd(void)
{
  /* Write your code here ... */
}
/*
** ===================================================
**     Event       : AD1_OnCalibrationEnd (module Events)
**
**     Component   : AD1 [ADC]
**     Description :
```

第 5 章　ADC 模/数转换模块介绍及操作例程

用鼠标点中 GetValue16 这个图标,将其拖拽到 void AD1_OnEnd(void)函数中,如图 5-21 所示。

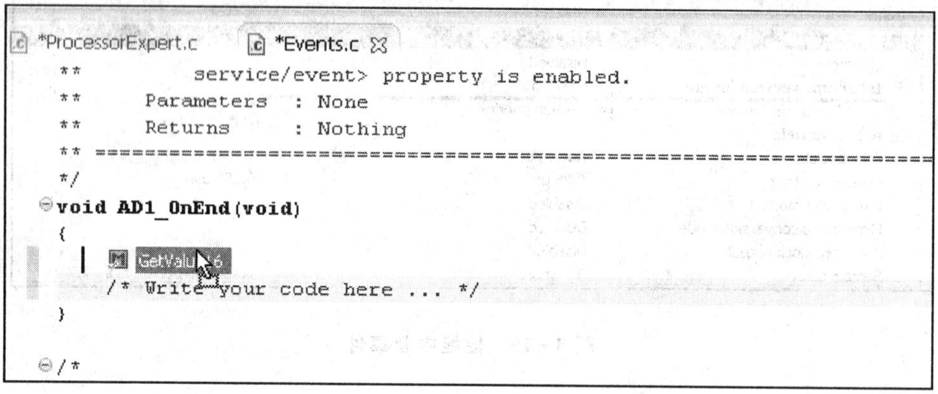

```
**           service/event> property is enabled.
**   Parameters    : None
**   Returns       : Nothing
** ===================================================
*/
void AD1_OnEnd(void)
{
    | GetValue16
    /* Write your code here ... */
}
```

图 5-21　添加 GetValue16

并且在函数中声明外部全局变量 result[3]作为 AD1_GetValue16()函数的形式参数,如下所示:

```
void AD1 - OnEnd(void)
{
    extern word result [3];
    AD1_GetValue16(result);
    /* Write your code here ... */
}
```

接下来,单击"锤子图标" 进行编译,再单击"虫子图标" 进入调试和下载界面,再单击"运行" 图标,程序开始运行。可以看到运行效果与前述实验是一致的。

至此,ADC 模块的上手实验进行完毕。

进阶实验:可以使用一个电位器,将"中端"连接到 PTD5,其他两端分别连接到电源和地,如图 5-22 所示。

接下来,将 Channel 0 选择为 PTD5,如图 5-23 所示。

第5章 ADC模/数转换模块介绍及操作例程

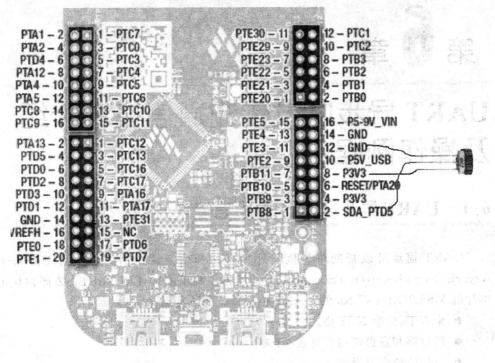

图 5-22 FRDM-KL25Z 评估板外接电位器

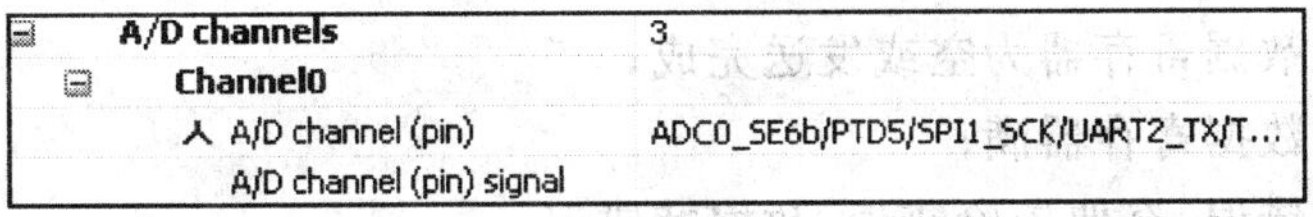

```
A/D channels                3
  Channel0
    A/D channel (pin)       ADC0_SE6b/PTD5/SPI1_SCK/UART2_TX/T...
    A/D channel (pin) signal
```

图 5-23 修改 ADC 输入引脚

第 6 章

UART 异步收发传输通信模块介绍及操作例程

6.1 UART 异步收发传输通信模块介绍

UART 模块可以帮助单片机与外界进行通信。UART 的全称为 Universal Asynchronous Receiver/Transmitters(通用异步收发器)。FRDM-KL25Z 评估板上单片机 MKL25Z128VLK5 的 UART 模块具有如下特点:
- 全双工,标准 NRZ 格式。
- 接收端和发送端均具有缓冲区。
- 通信波特率可设置。
- 下述情况可产生中断或 DMA 操作:
  - 发送数据寄存器为空或发送完成;
  - 接收数据寄存器满;
  - 接收错误,奇偶校验错误,数据帧错误;
  - 接收引脚上的电平变化;
  - 接收到 LIN 总线通信中的 Break 信号。
- 硬件生成奇偶校验位及校验。
- 支持 8 位、9 位、10 位字符长度。
- 支持 1 位或 2 位停止位。
- 可选择 13 位 Break 信号生成或 11 位 Break 信号检测。
- 可配置接收端和发送端的电平极性。

6.2 UART 异步收发传输通信模块上手实验(实验四)

6.2.1 轮询模式(Poll Mode)

接下来将演示如何使用 FRDM-KL25Z 评估板上的 UART 模块。本实验以实验三为基础,将实验三中的 ADC 转换结果打印到超级终端上。

第 6 章　UART 异步收发传输通信模块介绍及操作例程

首先,将刚刚做完的实验三导入,用鼠标单击工具栏中的 File->Import,导入一个项目,如图 6-1 所示。

图 6-1　导入已有项目

选择 Existing Projects into Workspace,如图 6-2 所示。

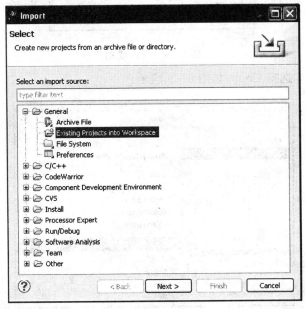

图 6-2　选择项目源

第6章 UART异步收发传输通信模块介绍及操作例程

选择 Lab-3 所在的文件夹路径,如图 6-3 所示,单击"完成"。

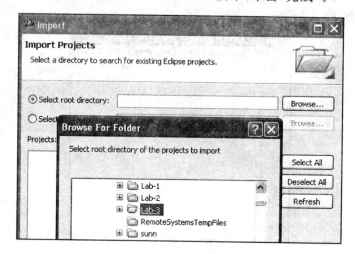

图 6-3 导入路径选择

至此,实验三被成功导入,如图 6-4 所示。

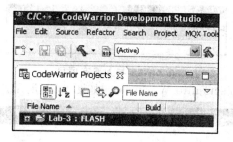

图 6-4 导入成功

右击 Lab-3,选择 Copy,如图 6-5 所示。

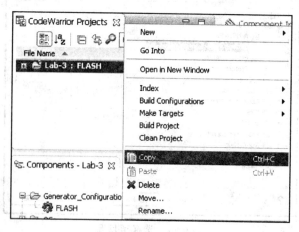

图 6-5 复制项目

再选择 Paste,如图 6-6 所示。

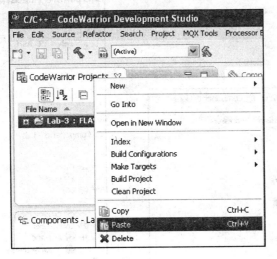

图 6-6 粘贴项目

将其重命名为 Lab-4,如图 6-7 所示。

图 6-7 项目重命名

至此,实验四的时钟模块和 ADC 模块配置都已按照实验三的模式配置好了。
接下来,单击 Component Library,出现如图 6-8 所示信息。

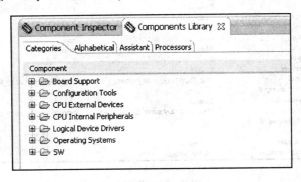

图 6-8 Component Library

选择 CPU Internal Peripherals ―> Communication ―> AsynchroSerial,如图 6-9 所示。

双击这个 Component,它会加入到这个工程的 Components Tree 中,如图 6-10 所示。

第 6 章　UART 异步收发传输通信模块介绍及操作例程

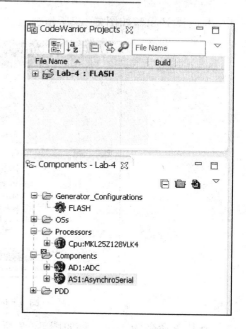

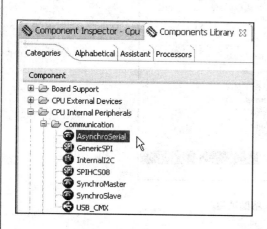

图 6-9　选择 AsynchroSerial Component　　　　图 6-10　添加 AsynchroSerial Component

单击 Component Inspector，可以看到"红色惊叹号"显示的错误信息，如图 6-11 所示。这是由于还有一些属性没有配置好。

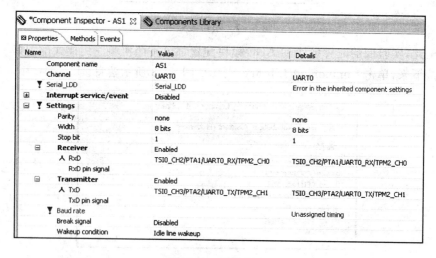

图 6-11　错误信息

接下来，对一些重要的属性进行配置。

在 Settings—>Receiver—>RxD 中选择 PTA1；在 Settings—>Transmitter—>TxD 中选择 PTA2。从评估板使用说明上可以看到，这两个引脚接到了 OpenSDA 虚拟串口的收发端。Settings—>Baud rate 中输入 9600，如图 6-12 所示。

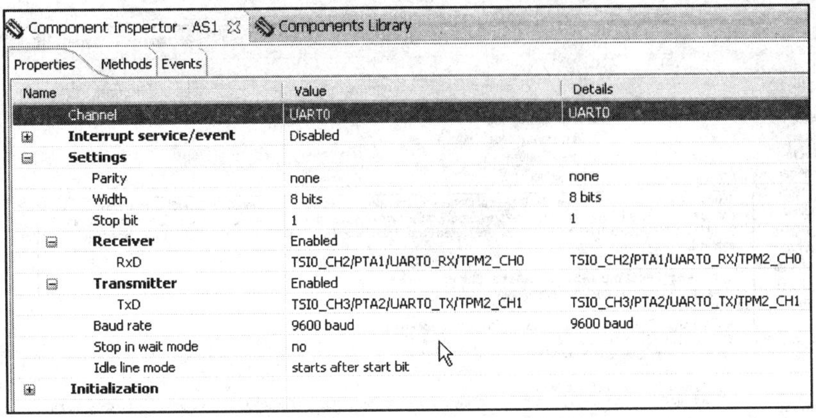

第6章 UART异步收发传输通信模块介绍及操作例程

图 6-12 AsynchroSerial 属性设置

单击 Methods,选择所需的方法(Methods),如图 6-13 所示。

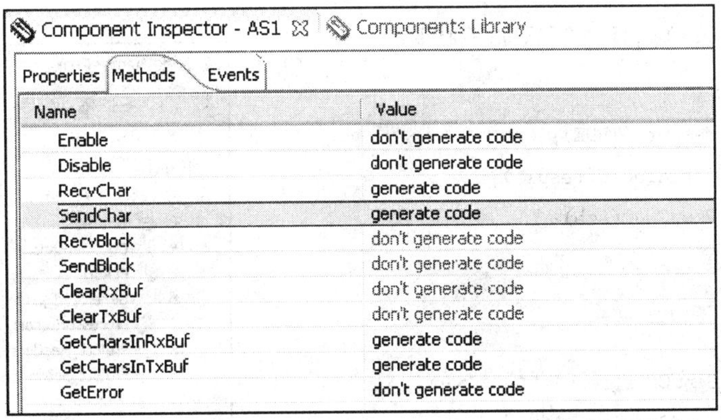

图 6-13 AsynchroSerial Methods 设置

这个实验需要使用到 RecvChar 和 SendChar 这两个方法。Processor Expert 系统已默认对这两个方法生成驱动代码。RecvChar 方法用于从串口上接收一个字节;SendChar 方法用于向串口上发送一个字节。

若您对这些 Methods 的具体内容感兴趣,可将鼠标悬浮于该 Methods 上,会显示出帮助信息,如图 6-14 所示。

此时,所需的方法(Methods)也选择好了。

单击工程树下 Sources 文件夹里的 ProcessorExpert.c 文件,如图 6-15 所示。

此时,ProcessorExpert.c 文件出现,这里面有实验三的代码,对它稍加修改。

首先,定义一个 byte 型变量 ch,用于存储接收到的字符。

```
/* User includes (#include below this line is not maintain
word result[3];
```

第6章 UART异步收发传输通信模块介绍及操作例程

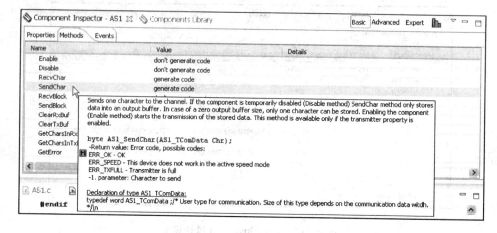

图 6-14 帮助信息

```
byte ch; */
```

再在 for(;;)循环中写入如下代码:

```
for (; ;) {
    AD1_Measure(TRUE);
    AD1_GetValue16(result);
    AS1_RecvChar(&ch);
switch(ch)
{
case 'B':
    AS1_SendChar(result[0]>>8);
    AS1_SendChar(result[0]);
    ch = 0;
break;
case 'H':
    AS1_SendChar(result[1]>>8);
    AS1_SendChar(result[1]);
    ch = 0;
break;
case 'T':
    AS1_SendChar(result[2]>>8);
    AS1_SendChar(result[2]);
    ch = 0;
break;
}
```

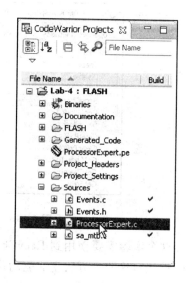

图 6-15 ProcessorExpert.c 文件

第 6 章　UART 异步收发传输通信模块介绍及操作例程

以上代码所要做的事情是：主程序总是采集 3 路 ADC 信号，然后监测是否从上位机接收到了数据。如果接收到了字符 B，则将 Bandgap 电压的 ADC 转换结果打印出来；如果接收到了字符 H，则将 VREFH 电压的 ADC 转换结果打印出来；如果接收到了字符 T，则将 Temperature sensor 电压的 ADC 转换结果打印出来。

接下来，单击"锤子图标" 进行编译，再单击"虫子图标" 进入调试和下载界面，再单击"运行" 图标，让程序跑起来。

这时单击"刷新"图标 ，选择 Refresh While Running（运行时刷新）。让 result[3] 这组值实时刷新。此时，还需要改变一下数据显示的格式。右击 result[0]，在弹出的菜单中选择 Format -> Hexadecimal，这时将显示十六进制的数值。按上述步骤将 result[1] 和 result[2] 也改成十六进制显示的形式，如图 6-16 所示。

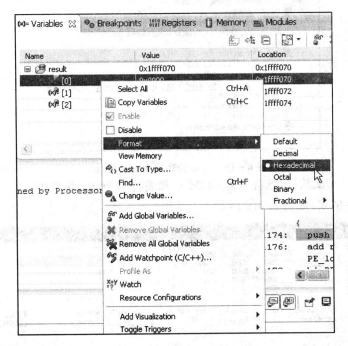

图 6-16　改变数据显示格式

变量改为十六进制显示时的结果，如图 6-17 所示。

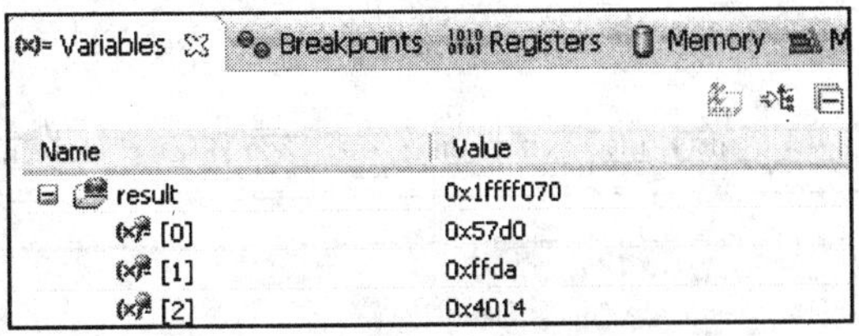

图 6-17　十六进制下的变量值

第6章 UART异步收发传输通信模块介绍及操作例程

接下来,打开串口调试软件(常用的串口助手即可)。此时,您可能感觉很疑惑,评估板和我们常用的笔记本电脑都没有DB9的串行总线接口,如何进行调试?

其实这块评估板上集成的调试器带有虚拟串口的功能,此时,若打开"设备管理器",会看到Ports(Com&LPT)中有一个OpenSDA调试器通过USB CDC类应用模拟出的一个虚拟串口。在串口调试软件中将会使用到它,如图6-18所示。

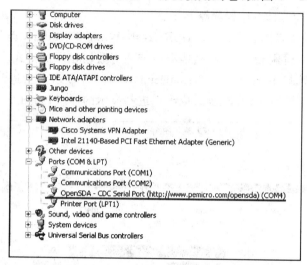

图6-18　设备管理器中的虚拟串口

打开串口调试软件,选择4号COM口和波特率9600,并建立连接。将显示格式选择为HEX格式,如图6-19所示。

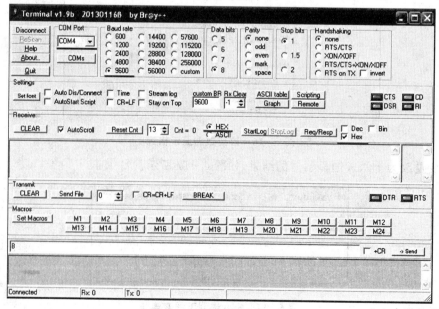

图6-19　串口助手的设置

通过串口分别发送大写字母B、H、T。将会显示ADC模块三个通道的数值。可以看到,这些数值和调试界面显示的数值是一致的,如图6-20所示。

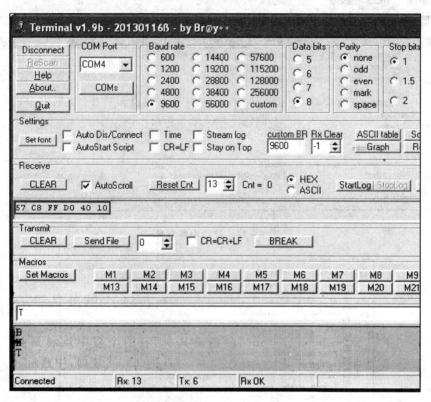

图6-20 串口助手的显示结果

6.2.2 中断模式(Interrupt Mode)

以上是采用查询的方式来接收数据,接下来,我们将采用中断的方式来接收数据。单击Component Inspector,进入到Properties配置界面。将Interrupt service/event使能Enabled,如图6-21所示。

接下来,进入到Events界面,确认OnRxChar事件生成代码,如图6-22所示。这代表着UART模块接收到字符时,进入到这个中断事件。

此时,我们对AsynchroSerial这个Component的属性进行了修改,需要对工程重新编译,单击"锤子图标" 进行编译。

单击工程树下Sources文件夹里的ProcessorExpert.c文件,将for(;;)循环中的AS1_RecvChar()函数删除。

```
for(;;){
    AD1_Measure(TRUE);
```

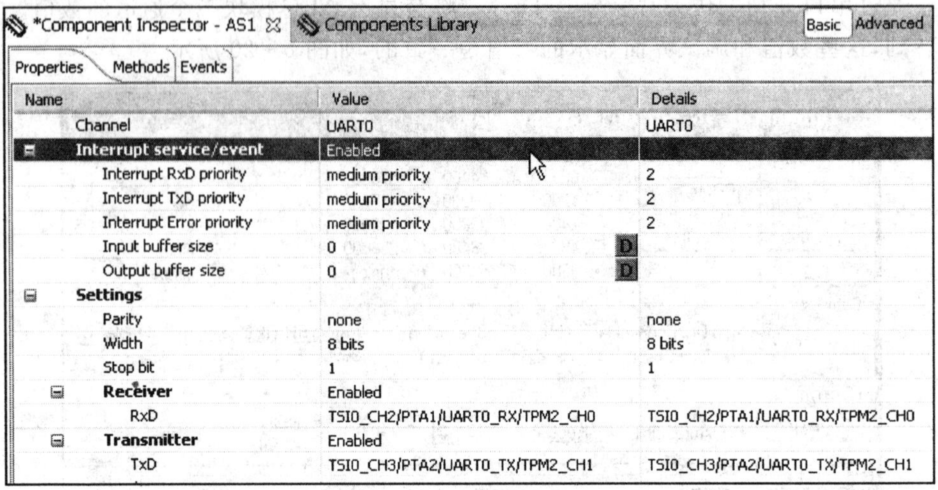

第 6 章　UART 异步收发传输通信模块介绍及操作例程

图 6-21　使能中断事件

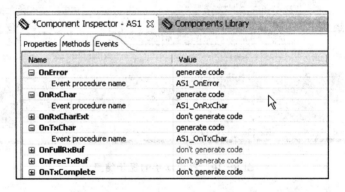

图 6-22　使能 OnRxChar 中断事件

```
    AD1_GetValue16(result);
switch(ch)
{
case 'B':
    AS1_SendChar(result[0]>>8);
    AS1_SendChar(result[0]);
    ch = 0;
break;
case 'H':
    AS1_SendChar(result[1]>>8);
    AS1_SendChar(result[1]);
    ch = 0;
break;
case 'T':
```

单击工程树下 Sources 文件夹里的 Events.c 文件,找到 void AS1_OnRxChar (void)这个函数。

```
void AS1_OnRxChar(void)
{
    /* Write your code here ... */
}
```

在这个函数中加入如下语句:

```
void AS1_OnRxChar(void)
{
    extern byte ch;
    AS1_RecvChar(&ch);
}
```

接下来,单击"锤子图标" 进行编译,再单击"虫子图标" 进入调试和下载界面,再单击"运行" 图标,程序开始运行。

运行效果与前述实验是一致的。

6.2.3 使用 Terminal Component 实现

处理器专家这个工具对于 UART 外设还有一个高级的 Component——Terminal。Terminal 可以完成一些更高级的串口应用。

单击 Component Library,并单击按字母排序 Alphabetical,如图 6-23 所示,选择 Term,并将其加入项目中。

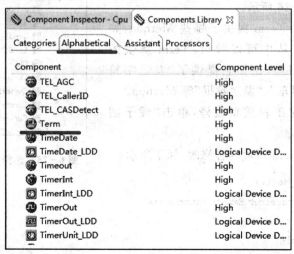

图 6-23 Component Library

第6章 UART异步收发传输通信模块介绍及操作例程

这时,需要把刚才选择的"AsynchroSerial"component删掉,如图6-24所示。

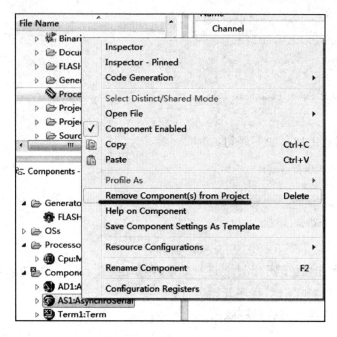

图6-24 删掉AsynchroSerial

双击"Term" component,将其展开,双击AsynchroSerial,对其属性进行配置,如图6-25所示。

属性设置和之前一样,选择UART0,波特率为9600,如图6-26所示。

接下来,查看Term提供了哪些Method,如图6-27所示。从中可以看出,Term提供的Method要高级一些,比如它提供了"发送字符串"、"发送空格回车"、"发送数据"等Method。

这时,需要对工程重新编译,单击"锤子图标" 进行编译。

接下来,将main函数内容修改,如下所示:

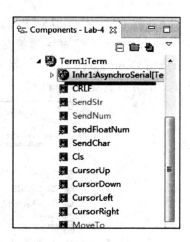

图6-25 选择AsynchroSerial

```
PE_low_level_init();
/*** End of Processor Expert interna ***/
/* Write your code here */
/* For example: */
Term1_SendStr("Termianl DEMO");
Term1_CRLF();
```

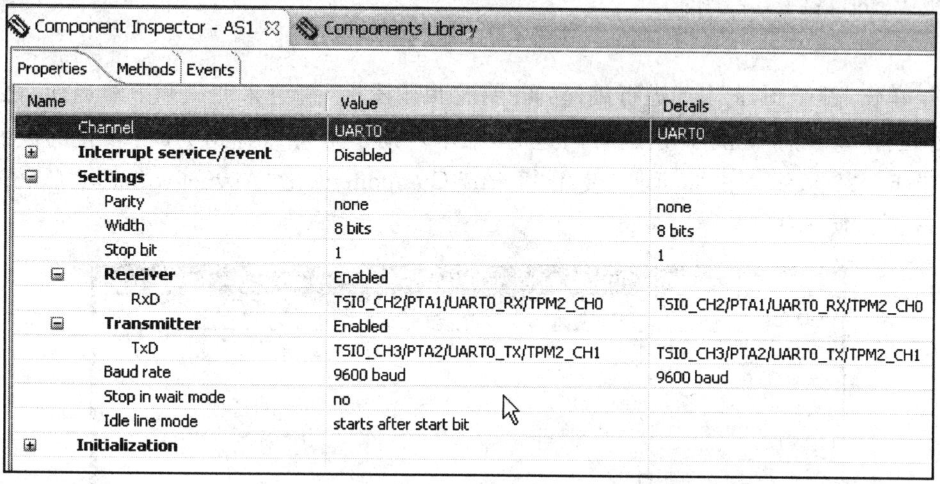

第 6 章　UART 异步收发传输通信模块介绍及操作例程

Name	Value	Details
Channel	UART0	UART0
Interrupt service/event	Disabled	
Settings		
Parity	none	none
Width	8 bits	8 bits
Stop bit	1	1
Receiver	Enabled	
RxD	TSI0_CH2/PTA1/UART0_RX/TPM2_CH0	TSI0_CH2/PTA1/UART0_RX/TPM2_CH0
Transmitter	Enabled	
TxD	TSI0_CH3/PTA2/UART0_TX/TPM2_CH1	TSI0_CH3/PTA2/UART0_TX/TPM2_CH1
Baud rate	9600 baud	9600 baud
Stop in wait mode	no	
Idle line mode	starts after start bit	
Initialization		

图 6-26　AsynchroSerial 属性设置

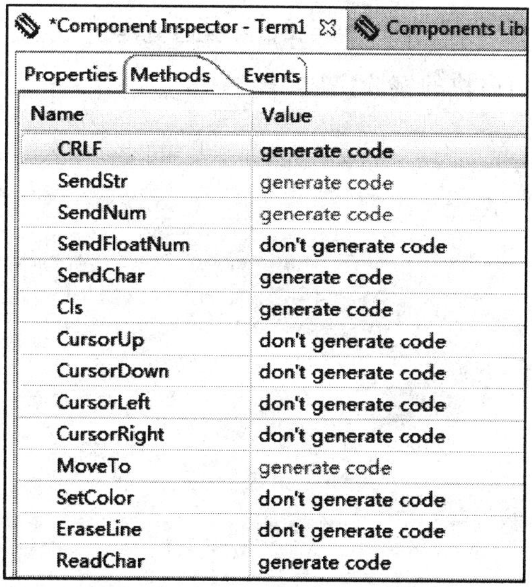

Name	Value
CRLF	generate code
SendStr	generate code
SendNum	generate code
SendFloatNum	don't generate code
SendChar	generate code
Cls	generate code
CursorUp	don't generate code
CursorDown	don't generate code
CursorLeft	don't generate code
CursorRight	don't generate code
MoveTo	generate code
SetColor	don't generate code
EraseLine	don't generate code
ReadChar	generate code

图 6-27　Term 提供的方法

```
AD1_Measure(TRUE);
AD1_GetValue16(result);
   Term1_SendNum(result[0]);
   Term1_CRLF();
   Term1_SendNum(result[1]);
   Term1_CRLF();
   Term1_SendNum(result[2]);
   Term1_CRLF();
```

第6章 UART异步收发传输通信模块介绍及操作例程

```
for(;;) {
    }
```

单击"锤子图标" 进行编译,再单击"虫子图标" 进入调试和下载界面,再单击"运行" 图标,程序开始运行。这时,在串口助手上可以看到 ADC 转化的数值,如图 6-28 所示。由此可见,使用"Term"Component 比"AsynchroSerial"Component 要方便一些。

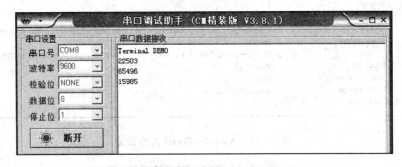

图 6-28 串口助手上的信息

至此,UART 通信模块的实验完成。

第7章

PIT定时器模块和LPTMR定时器模块介绍及操作例程

7.1 PIT定时器模块和LPTMR定时器模块介绍

PIT定时器模块的全称为周期性中断定时器(Periodic Interrupt Timer),通过PIT模块可生成周期性定时中断,并触发DMA操作。周期性中断在单片机程序中经常被使用到,可用于周期性测量采样或为RTOS系统的任务调度程序提供时基。

LPTMR定时器模块的全称为低功耗定时器(Low-Power Timer),这种定时器可在单片机低功耗模式(如VLLS、LLS)下工作,用来周期性唤醒单片机,单片机将工作任务完成后,再重新进入到低功耗模式,以达到降低整体功耗的目的,在随后的章节中会有更详细的介绍。

LPTMR定时器模块的特性如下:
- 定时长度为16位;
- 在低功耗模式下,可产生中断来唤醒单片机;
- 具有硬件触发输出;
- 计数器支持自由运行模式和达到比较寄存器数值时自动复位模式;
- 可选择时钟源和时钟预分频;
- 作为计数器时,可感知上升沿或下降沿。

7.2 LPTMR模块产生周期性中断上手实验(实验五)

下面用Processor Expert工具来实现周期性中断的功能。

按照前述实验步骤来新建一个项目,并将MCU的时钟模式配置成PEE,即外部8 MHz晶体锁相环倍频。MCU工作频率设置为Core clock 48.0 MHz,Bus clock 24.0 MHz,如图7-1所示。

接下来,单击Component Library,选择CPU Internal Peripherals—>Timer—>TimerInt,如图7-2所示。

第7章 PIT 定时器模块和 LPTMR 定时器模块介绍及操作例程

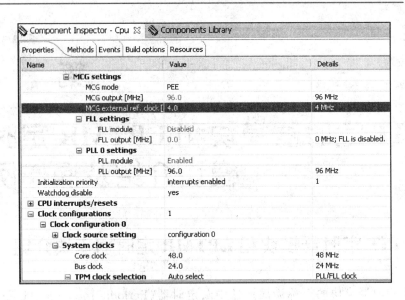

图 7-1 单片机系统时钟设置

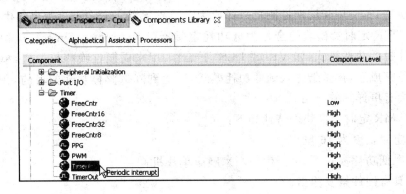

图 7-2 选择 TimerInt Component

双击这个 Component，它会加入到这个工程的 Components Tree 中，如图 7-3 所示。

单击 Component Inspector，可以看到"红色惊叹号"显示的错误信息，如图 7-4 所示。这是由于还有一些属性没有配置好。

接着对一些重要的属性进行配置。

首先，选择周期性中断的时间源，选择不同的时间源，可以决定这个周期性中断的最大周期值。选择 LPTMR0_CMR 这个选项，如图 7-5 所示。

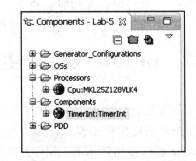

图 7-3 添加 TimerInt Component

第7章 PIT 定时器模块和 LPTMR 定时器模块介绍及操作例程

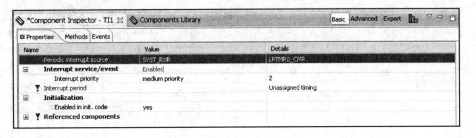

图7-4 错误信息

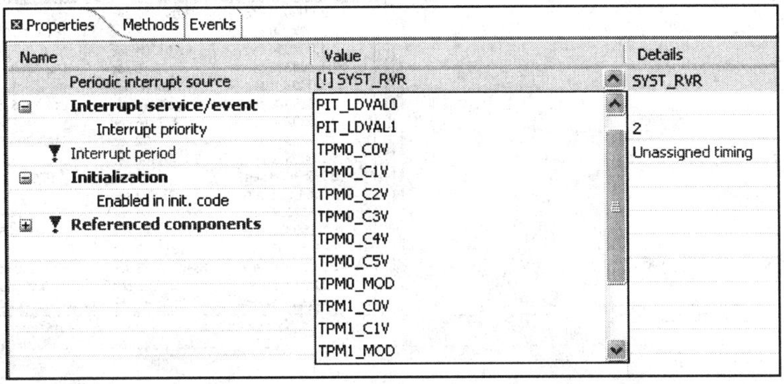

图7-5 时间源选择

单击 Interrupt period 后面的按钮,如图7-6所示。

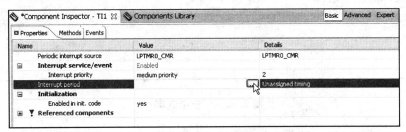

图7-6 选择中断周期

弹出如图7-7所示对话框。选择 2 sec 为周期性中断的周期。从这个选择表中可以看到周期是一组值。例如第一组值,可以选择 0.125 μs ~ 8.192 ms 中每隔 0.125 μs 的任意时间值,即:0.125 μs、0.25 μs、0.375 μs、0.5 μs……。这里选择中断周期为 2 sec,如图7-7所示。

对于周期性中断的时钟源已选择好了。接下来,进入到 Events 界面,确认 OnInterrupt 事件生成代码,如图7-8所示。这代表着定时周期到达后,进入到该中断事件。

按照实验一的步骤添加一个"BitIO" Compenoent,选择 PTD1 为 I/O 的 Pin,用来驱动蓝色的 LED,如图7-9所示。

第 7 章 PIT 定时器模块和 LPTMR 定时器模块介绍及操作例程

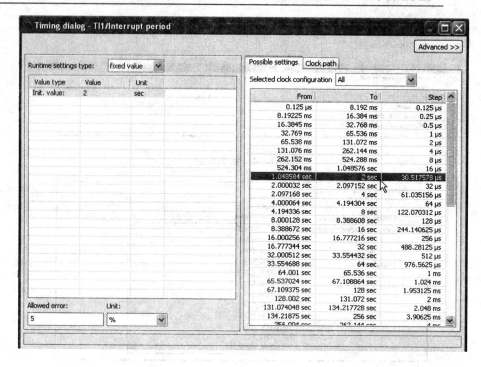

图 7-7 选择中断周期

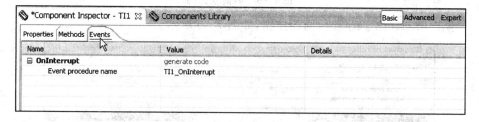

图 7-8 使能中断事件

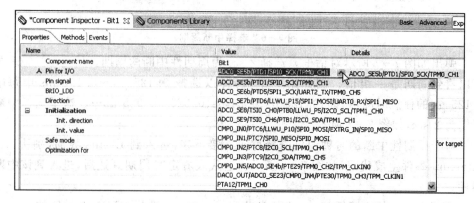

图 7-9 添加 BitIO

第 7 章 PIT 定时器模块和 LPTMR 定时器模块介绍及操作例程

将 Methods 页中的 NegVal 选择为 generate code，如图 7-10 所示。

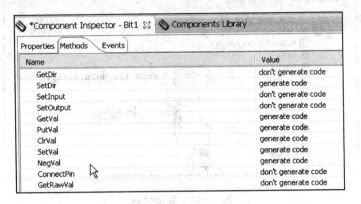

图 7-10 Methods 设置

此时，需要对工程重新编译，单击"锤子图标" 进行编译。

单击工程树下 Sources 文件夹里的 Events.c 文件，如图 7-11 所示。

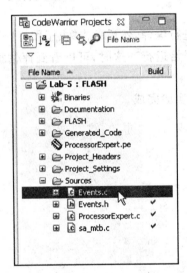

图 7-11 选择 Event.c 文件

找到 void TI1_OnInterrupt(void)这个函数：

Void TI1_OnInterrupt(void)
{

}

将"BitIO" Compenoent 图标前面的加号＋点开，用鼠标点中 NegVal 这个图标，将其拖拽到 void TI1_OnInterrupt(void)函数中，如图 7-12 所示。

第 7 章 PIT 定时器模块和 LPTMR 定时器模块介绍及操作例程

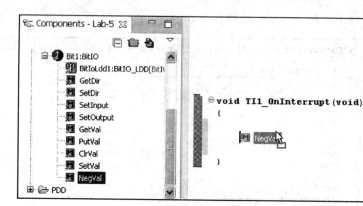

图 7-12 添加代码

```
void TI1_OnInterrupt(void)
{
    Bit1_NegVal();
}
```

单击"锤子图标" 进行编译,然后单击"虫子图标" 进入调试和下载界面,再单击"运行" 图标,程序开始运行。这时,可以看到评估板上的蓝色 LED 灯每隔 2 秒闪烁一次。

至此,LPTMR 模块的实验完成。

第 8 章

TPM 模块介绍及操作例程

8.1 TPM 模块介绍

TPM 模块的全称为定时器/PWM 模块(Timer/PWM),可实现定时、计数、输入捕获、输出比较、PWM 波生成等功能。

TPM 模块的特性如下:
- 预分频可设置为:1、2、4、8、16、32、64 或 128。
- TPM 模块包含一个 16 位计数器,该计数器可以是一个自由运行计数器,也可以是一个模计数器,计数器可进行上计数或下计数。当计数器溢出时,可产生中断或触发 DMA 操作以及产生其他硬件触发。
- TPM 模块中有 6 个通道可支持输入捕获、输出比较和 PWM 功能。
  输入捕获模式下,可检测输入引脚上的上升沿、下降沿或上升/下降沿。
  6 个通道可设置成中心对齐的 PWM 波生成模式。
- TPM 模块的每个输入通道均可生成中断或触发 DMA 操作。

8.2 TPM 模块上手实验

8.2.1 TPM 模块生成方波、PWM 波和 PPG 波(实验六)

首先,用 TPM 模块来生成方波、PWM(脉冲宽度调制)波和 PPG(可编程脉冲生成器)波。在实际应用中,这些波形往往用来驱动后级的晶体管基极或 MOS 管栅极,来实现晶体管或 MOS 管导通时间的变化,这是利用单片机数字信号对模拟电路进行控制的一种非常有效的技术。接下来所做的实验是使用这些波形来驱动评估板上的 LED 灯,通过波形的变化来改变 LED 灯的驱动电压,从而改变 LED 灯的亮度。

1. TPM 模块生成方波

按照前述实验步骤来新建一个项目,并将 MCU 的时钟模式配置成 PEE,即外部 8 MHz 晶体锁相环倍频。MCU 工作频率设置为 Core clock 48.0 MHz,Bus clock 24.0 MHz,如图 8-1 所示。

第 8 章 TPM 模块介绍及操作例程

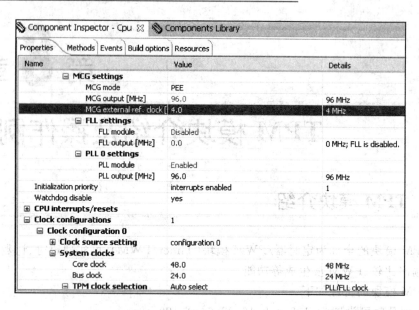

图 8-1 单片机系统时钟设置

单击 Component Library,选择 CPU Internal Peripherals->Timer->TimerOut,如图 8-2 所示。

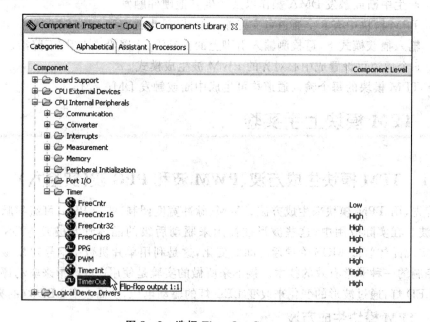

图 8-2 选择 TimerOut Component

双击这个 Component,它会加入到这个工程的 Components Tree 中,如图 8-3 所示。

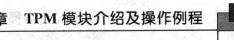

第 8 章　TPM 模块介绍及操作例程

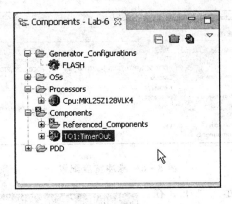

图 8-3　添加 TimerOut Component

单击 Component Inspector，可以看到"红色惊叹号"显示的错误信息。这是由于还有一些属性没有配置好，如图 8-4 所示。

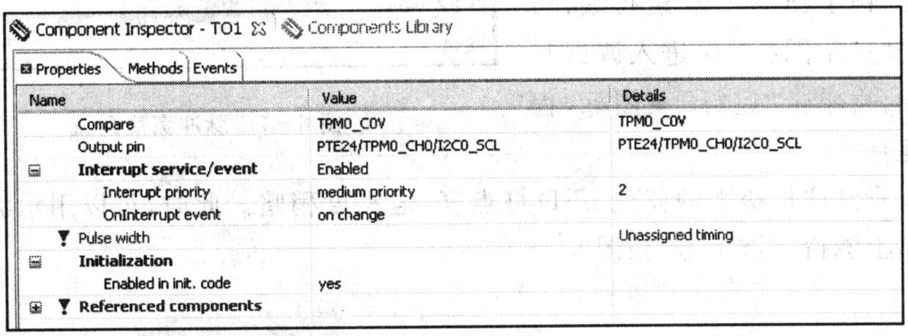

图 8-4　错误信息

接下来，对一些重要的属性进行配置。

首先，将 Output pin 选择为 PTD1，对应着评估板上的蓝色 LED，如图 8-5 所示。

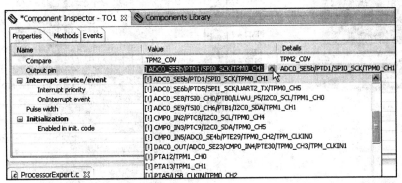

图 8-5　Output pin 配置

单击 Pulse width 后面的按钮，进行脉冲宽度配置，如图 8-6 所示。

第 8 章　TPM 模块介绍及操作例程

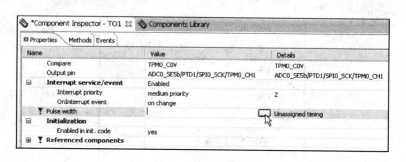

图 8-6　脉冲宽度配置

弹出如图 8-7 所示对话框。在 Value 中填入 10，这将生成一个脉冲宽度为 10 ms 的方波，如图 8-7 所示。

单击"锤子图标" 进行编译，然后单击"虫子图标" 进入调试和下载界面，再单击"运行" 图标，程序开始运行。

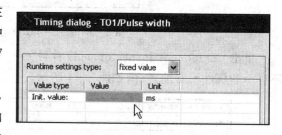

图 8-7　脉冲宽度配置

可以看到评估板上的蓝色 LED 灯点亮，但亮度稍暗。此时，可以用示波器在引脚 PTD1 上测得方波信号，如图 8-8 所示。

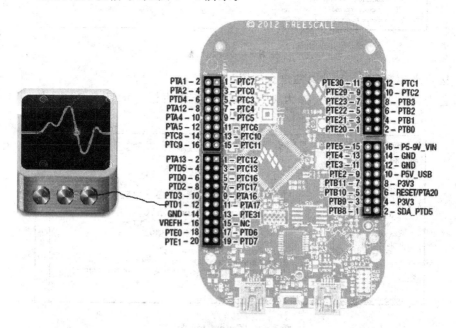

图 8-8　使用示波器测量方波信号

至此，利用 TPM 模块生成方波的实验做完了。

2. TPM 模块生成 PWM 波

下面用 TPM 模块生成 PWM 波。

首先，右击"TO1：TimerOut"，选择 Remove Component from Project，将其删除，如图 8-9 所示。

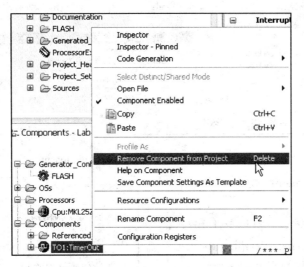

图 8-9　删除 TimerOut Component

然后右击 Referenced_Components，选择 Remove Folder From Project Delete，将此文件夹删除，如图 8-10 所示。

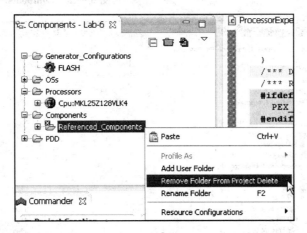

图 8-10　删除文件夹

再右击"TU1：TimerUnit_LDD"，选择 Remove Component from Project 将其删除，如图 8-11 所示。

第8章 TPM 模块介绍及操作例程

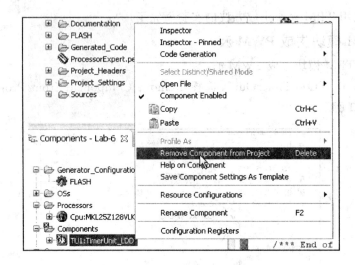

图 8-11 删除 TimerUnit_LDD Component

最后,Components 文件夹应为空,如图 8-12 所示。

接下来,单击 Component Library,选择 CPU Internal Peripherals －＞Timer－＞PWM,如图 8-13 所示。

双击这个 Component,它会加入到这个工程的 Components Tree 中,如图 8-14 所示。

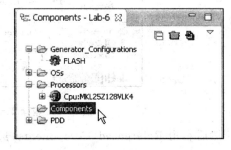

图 8-12 Component 文件夹

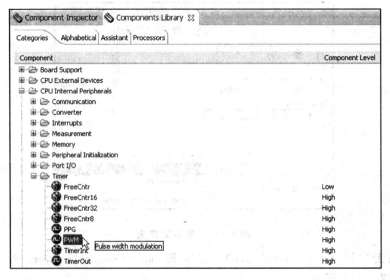

图 8-13 选择 PWM Component

第 8 章　TPM 模块介绍及操作例程

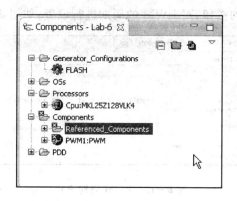

图 8-14　添加 PWM Component

单击 Component Inspector，可以看到"红色惊叹号"显示的错误信息。这是由于还有一些属性没有配置好，如图 8-15 所示。

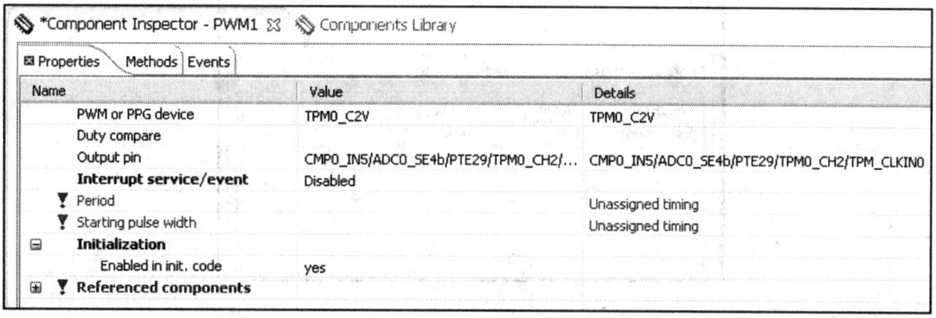

图 8-15　错误信息

接着，对一些重要的属性进行配置。

首先，将 Output pin 选择为 PTD1，对应着评估板上的蓝色 LED，如图 8-16 所示。

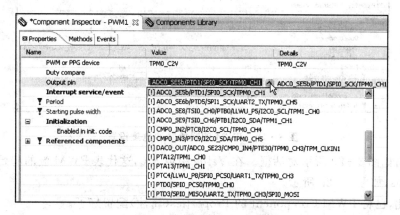

图 8-16　Output pin 配置

第8章 TPM 模块介绍及操作例程

单击 Period 后面的按钮，对 PWM 的周期进行设置，如图 8-17 所示。

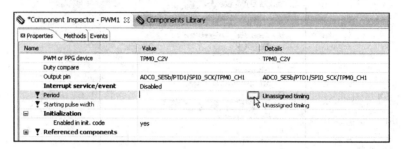

图 8-17　PWM 周期设置

弹出如图 8-18 所示对话框。在 Value 中填入 1，这代表 PWM 波的频率为 1 kHz，如图 8-18 所示。

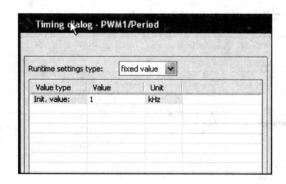

图 8-18　PWM 周期设置

单击 Starting pulse width 后面的按钮，对 PWM 波的起始脉冲宽度进行设置，如图 8-19 所示。

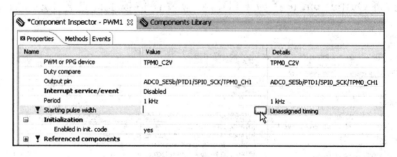

图 8-19　PWM 波起始脉冲宽度设置

弹出如图 8-20 所示对话框。在 Value 中填入 0，这代表 PWM 波的起始脉冲宽度为 0 ms，如图 8-20 所示。

至此，已将 PWM Component 的 Properties(属性)配置好了。

第 8 章 TPM 模块介绍及操作例程

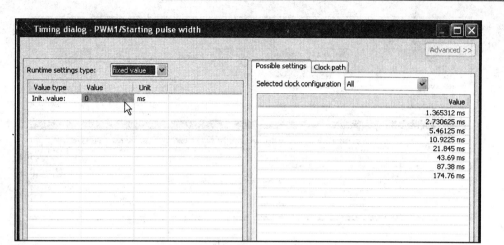

图 8-20　PWM 波起始脉冲宽度设置

接下来,单击 Methods 界面,确认 SetRatio16 Methods 生成代码,如图 8-21 所示。

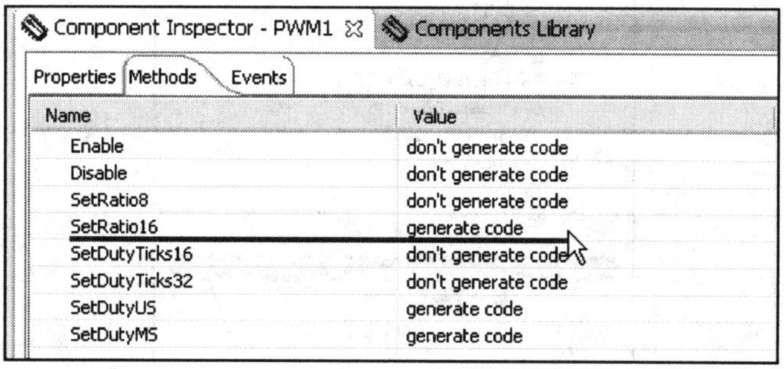

图 8-21　Methods 设置

SetRatio16 用于设置 PWM 波的占空比,数值设置范围为 0~65 535,对应的占空比为 0~100%;SetRatio8 也是用于设置 PWM 波占空比的 Methods,但它的数值设置范围为 0~255。

若您对其他 Methods 的具体内容感兴趣,可将鼠标悬浮于该 Methods 上,则会显示出帮助信息,您可以自己进行深入的研究,如图 8-22 所示。

接下来,单击工程树下 Sources 文件夹里的 ProcessorExpert.c 文件,如图 8-23 所示。

此时,ProcessorExpert.c 文件出现,如图 8-24 所示。

首先,声明两个变量 i 和 j。

```
#include "PE_Error.h"
#include "PE_Const.h"
```

第 8 章　TPM 模块介绍及操作例程

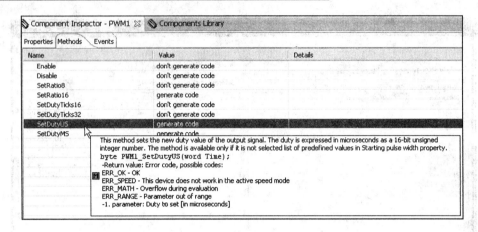

图 8 – 22　帮助信息

图 8 – 23　ProcessorExpert. c 文件

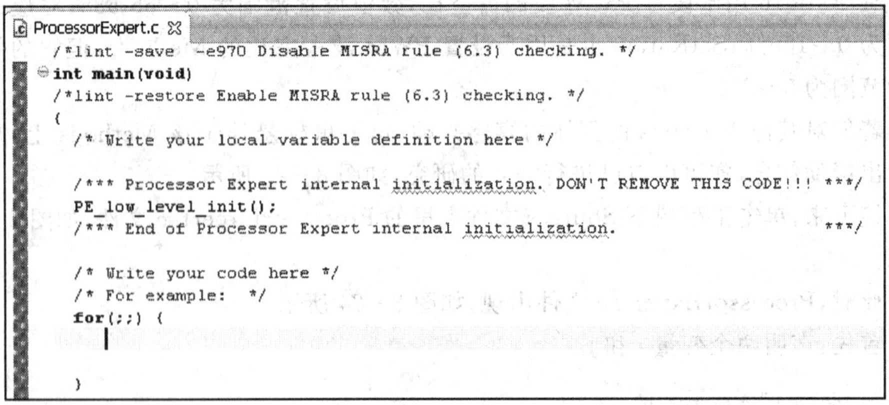

```
/*lint -save  -e970 Disable MISRA rule (6.3) checking. */
int main(void)
/*lint -restore Enable MISRA rule (6.3) checking. */
{
  /* Write your local variable definition here */

  /*** Processor Expert internal initialization. DON'T REMOVE THIS CODE!!! ***/
  PE_low_level_init();
  /*** End of Processor Expert internal initialization.                    ***/

  /* Write your code here */
  /* For example: */
  for(;;) {

  }
}
```

图 8 – 24　ProcessorExpert. c 文件

第8章 TPM模块介绍及操作例程

```
#include "IO_Map.h"
word i,j;
```

在 for(; ;)循环中写入如下函数,这段函数只是起一个延时的作用:

```
int main(void)
/* lint -restore Enable MISRA rule (6.3) checking. */
{
    /* Write your local variable definition here */

    /*** Processor Expert internal initialization. DON'T REMOVE THIS CODE!!! ***/
    PE_low_level_init();
    /*** End of Processor Expert internal initialization.                    ***/

    /* Write your code here */
    /* For example: */

    for(;;) {
        for(i=0;i<1000;i++){}
    }
}
```

然后,将 SetRatio16 这个 Method 拖入到 for(; ;)循环后,如图 8-25 所示。

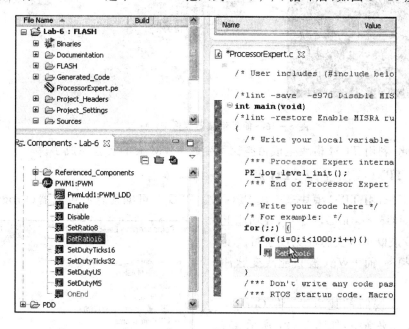

图 8-25 添加代码

而后,将 SetRatio16 的形式参数中写入变量 j,再让 j 自增 1。代码如下:

```
for(;;) {
    for(i=0;i<1000;i++){}
    PWM1_SetRatio16(j);
```

第8章 TPM模块介绍及操作例程

```
        j++;
    }
```

至此,函数编写完毕。接下来,单击"锤子图标" 进行编译,再单击"虫子图标" 进入调试和下载界面,再单击"运行" 图标,程序开始运行。

这时,可以看到评估板上的蓝色 LED 灯的亮度由暗变亮,再由暗变亮。用示波器在引脚 PTD1 上可以测得占空比由小到大不断变化的 PWM 波,如图 8-26 所示。

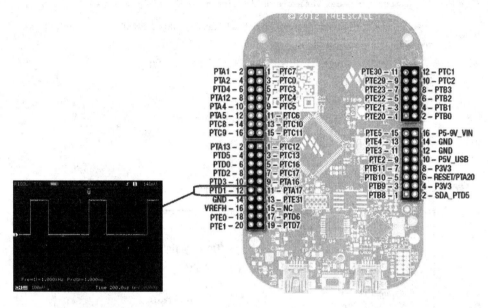

图 8-26 使用示波器测量 PWM 波信号

至此,利用 TPM 模块生成占空比可变的 PWM 波的实验完成了。

3. TPM 模块生成 PPG 波

接下来,用 TPM 模块来生成 PPG 波。PPG 是可编程脉冲生成器(Programmable Pulse Generation)的缩写,在功能上讲,PPG 波既可改变脉冲宽度也可改变脉冲的频率,而 PWM 波只能改变脉冲宽度。

首先,按照前述方法,将 Components 文件夹清空,如图 8-27 所示。

然后,单击 Component Library,选择 CPU Internal Peripherals→Timer→PPG,如图 8-28 所示。

双击这个 Component,它会加入到

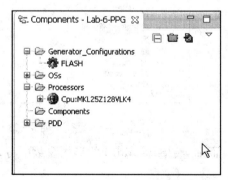

图 8-27 Component 文件夹

第 8 章　TPM 模块介绍及操作例程

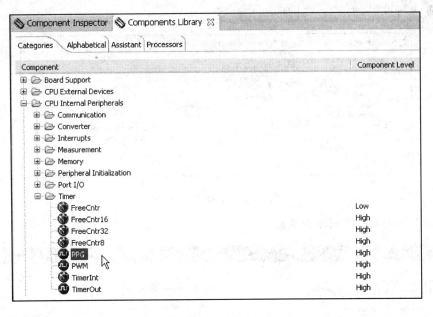

图 8-28　选择 PPG Component

这个工程的 Components Tree 中,如图 8-29 所示。

单击 Component Inspector,对一些重要的属性进行配置。

首先,将 Output pin 选择为 PTD1,对应着评估板上的蓝色 LED,如图 8-30 所示。

单击 Period 后面的按钮,对 PPG

图 8-29　添加 PPG Component

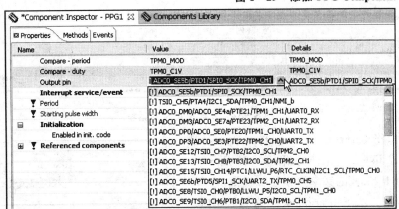

图 8-30　Output pin 配置

第 8 章　TPM 模块介绍及操作例程

的周期进行设置,如图 8-31 所示。

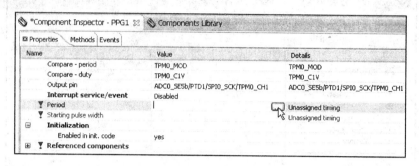

图 8-31　PPG 周期设置

弹出如图 8-32 所示对话框。

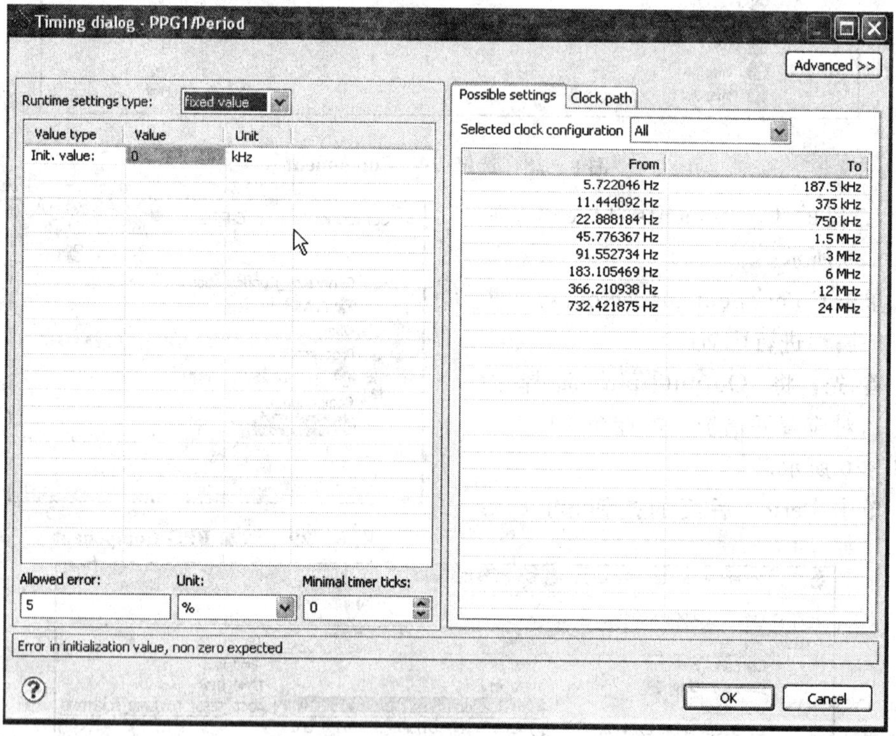

图 8-32　周期值设置对话框

这时,将 Runtime setting type 由 fixed value 改成 list of values,如图 8-33 所示。

此时 PPG 波的频率可以是一组值,也可通过相应的方法 SetPeriodMode 来切换 PPG 波的频率。分别在 Mode0(Init. Value)、

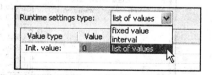

图 8-33　**Runtime setting type 对话框**

Mode1、Mode2 中填入 1 kHz、2 kHz 和 3 kHz,如图 8-34 所示。

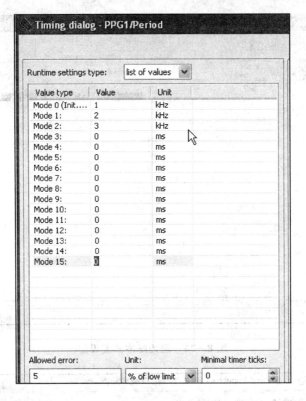

图 8-34 周期值设置对话框

单击 Starting pulse width 后面的按钮,对 PPG 波的起始脉冲宽度进行设置,如图 8-35 所示。

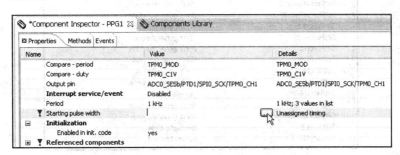

图 8-35 起始脉冲宽度设置

弹出如图 8-36 所示对话框。选择 Value 的最小值 0.020 833 μs,这代表 PPG 波的起始脉冲宽度为 0.020 833 μs,如图 8-36 所示。

至此,已将 PPG Component 的 Properties(属性)配置好了。

接下来,单击 Methods 界面,确认 SetPeriodMode 和 SetRatio16 Methods 生成

第8章 TPM模块介绍及操作例程

代码,如图8-37所示。

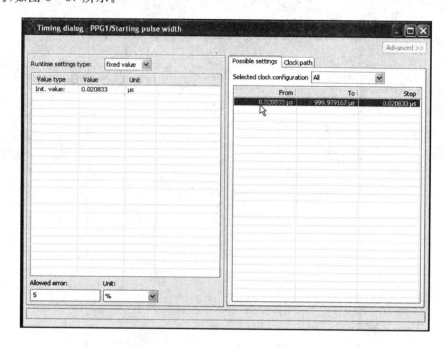

图8-36 起始脉冲宽度设置

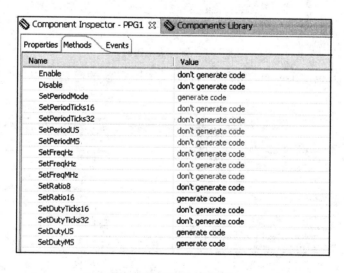

图8-37 Methods设置

SetPeriodMode用于设置PPG波的频率,SetRatio16用于设置PPG波占空比。

若您对其他Methods的具体内容感兴趣,可将鼠标悬浮于该Methods上,则会显示出帮助信息,您可以自己进行深入的研究。

接着,单击工程树下Sources文件夹里的ProcessorExpert.c文件,如图8-38

所示。

CodeWarrior Projects
File Name
Build
Lab-6 : FLASH
Binaries
Documentation
FLASH
Generated_Code
ProcessorExpert.pe
Project_Headers
Project_Settings
Sources
Events.c
Events.h
ProcessorExpert.c
sa_mtb.c

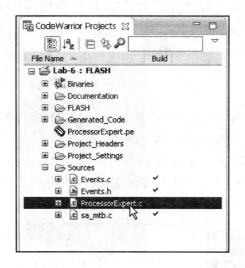

图 8-38　ProcessorExpert. c 文件

此时，ProcessorExpert. c 文件出现，如图 8-39 所示。

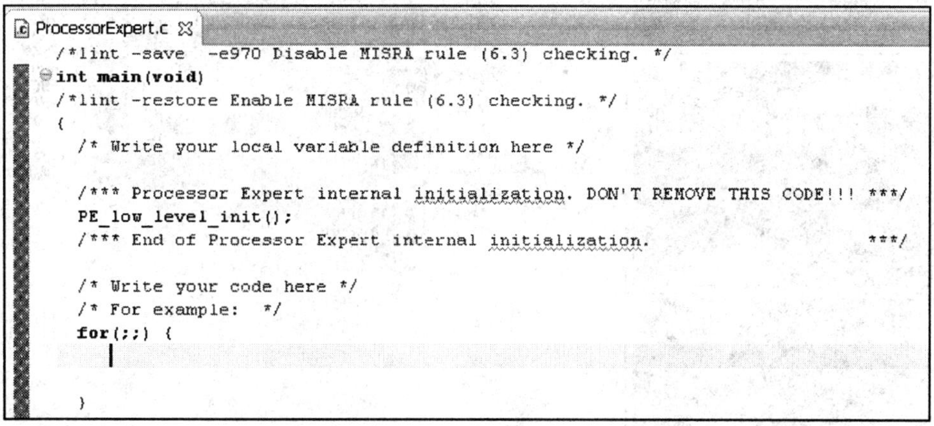

ProcessorExpert.c
/*lint -save -e970 Disable MISRA rule (6.3) checking. */
int main(void)
/*lint -restore Enable MISRA rule (6.3) checking. */
{
/* Write your local variable definition here */
/*** Processor Expert internal initialization. DON'T REMOVE THIS CODE!!! ***/
PE_low_level_init();
/*** End of Processor Expert internal initialization. ***/
/* Write your code here */
/* For example: */
for(;;) {
}

图 8-39　ProcessorExpert. c 文件

首先，声明三个变量 i，j 和 k：

```
word i, j, k;
```

在 for（ ； ； ）循环中写入如下函数：

```
for(;;) {
    for(i = 0;i<1000;i ++ ) {}  //延时
    PPG1_SetRation16(j);
    j ++ ;
```

第 8 章 TPM 模块介绍及操作例程

```
        if(j==65535)
        {
            PPG1_SetPeriodMode(k);
            k++        //PPG 波频率切换
        }
    }
```

至此,函数编写完毕。单击"锤子图标"进行编译,再单击"虫子图标"进入调试和下载界面,再单击"运行"图标,程序开始运行。

这时,可以看到评估板上的蓝色 LED 灯的亮度由暗变亮,再由暗变亮。但是这两次由暗变亮的过程中,PPG 波的频率是变化的。用示波器在引脚 PTD1 上可以测得占空比由小到大不断变化并且频率也发生变化的 PPG 波,如图 8-40 所示。

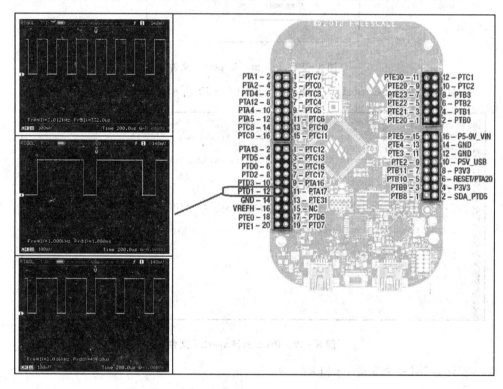

图 8-40 使用示波器测量 PPG 波信号

至此,利用 Timer 模块生成 PPG 波的实验完成了。

8.2.2 TPM 模块对外部事件计数上手实验(实验七)

利用 TPM 模块还可以对外部事件(如高低电平切换时产生的上升沿或下降沿)进行计数。以实验五为基础,再增加事件计数功能。实验五中的蓝色 LED 灯每隔

2 s 闪烁一次，蓝色 LED 灯对应的 PTD1 引脚上会产生上升沿，可作为我们测量的信号源。

首先，将 Lab-5 导入工程窗口中，如图 8-41 所示。

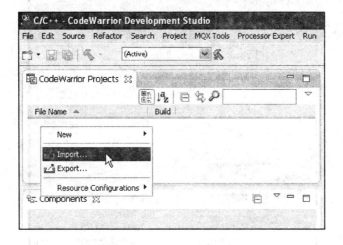

图 8-41 导入项目

选择 Existing Projects into Workspace，单击"下一步"，如图 8-42 所示。

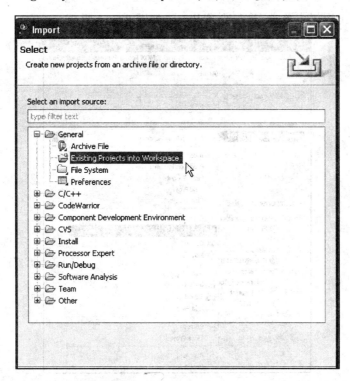

图 8-42 导入源选择

第 8 章　TPM 模块介绍及操作例程

选择 Lab-5 所在的文件夹路径,单击"完成",接下来,在工程树中右击 Lab-5,选择 Copy,如图 8-43 所示。

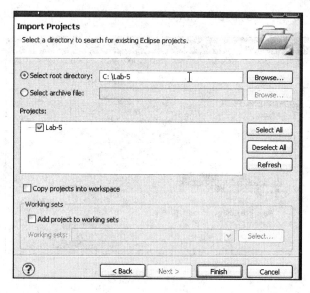

图 8-43　复制项目

然后,在工程树中单击右键,选择 Paste,如图 8-44 所示。

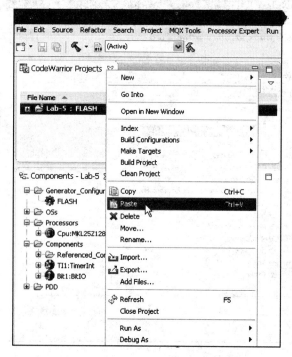

图 8-44　粘贴项目

此时,在弹出的对话框中将新项目命名为 Lab-7,单击 OK,如图 8-45 所示。

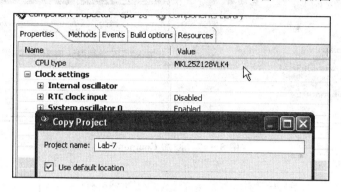

图 8-45 项目重命名

此时,Lab-5 已被成功复制为 Lab-7。

单击 Component Library,选择 Logical Device Drivers—>Timer—>EventCntr_LDD,如图 8-46 所示。

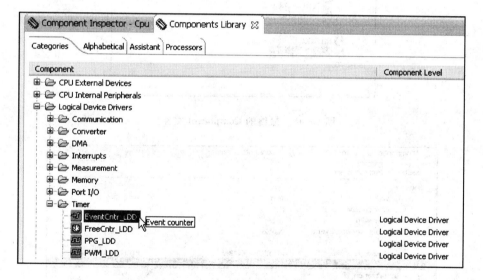

图 8-46 选择 EventCntr_LDD Component

双击这个 Component,它会加入到这个工程的 Components Tree 中。此时,会弹出一个对话框,选择 New component[TimerUnit_LDD],单击 OK,如图 8-47 所示。

最终的 Components 配置如图 8-48 所示。

单击 Component Inspector,对 EventCntr_LDD 的属性进行配置。

首先,将 Event—>Counter input pin 选择为 PTC12;将 Event—>Edge 选择为 rising edge,这代表上升沿为有效事件,如图 8-49 所示。

第8章 TPM 模块介绍及操作例程

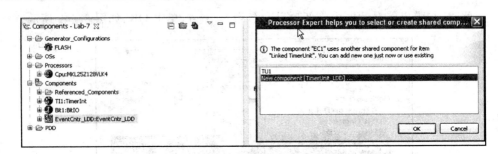

图 8-47 添加 Component

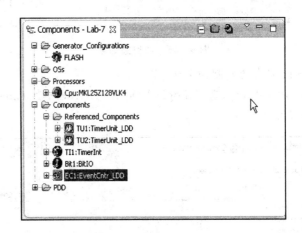

图 8-48 最终的 Component 文件夹

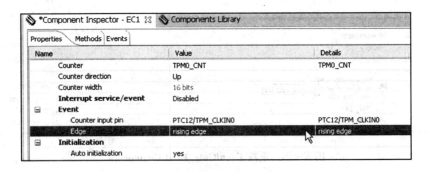

图 8-49 EventCntr_LDD 属性配置

将 Initialization->Auto initialization 选择为 yes。将该 Component 自动初始化,如图 8-50 所示。

至此,已将 EventCntr_LDD Component 的 Properties(属性)配置好了。

接下来,单击 Methods 界面,确认 Reset 和 GetNumEvents Methods 生成代码。Reset 用于将计数器的数值清零,GetNumEvents 用于读取当前的计数值,如图 8-51 所示。

第 8 章 TPM 模块介绍及操作例程

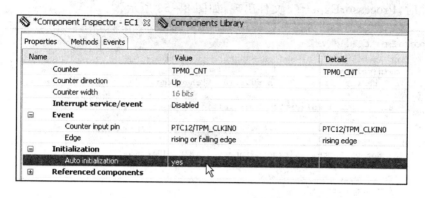

图 8-50　EventCntr_LDD 属性配置

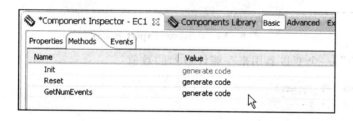

图 8-51　Methods 设置

单击工程树下 Sources 文件夹里的 ProcessorExpert.c 文件，如图 8-52 所示。

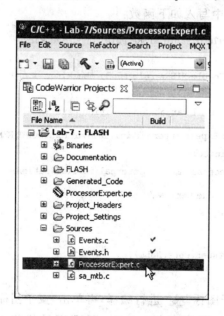

图 8-52　ProcessorExpert.c 文件

第 8 章　TPM 模块介绍及操作例程

此时，ProcessorExpert.c 文件出现，如图 8-53 所示。

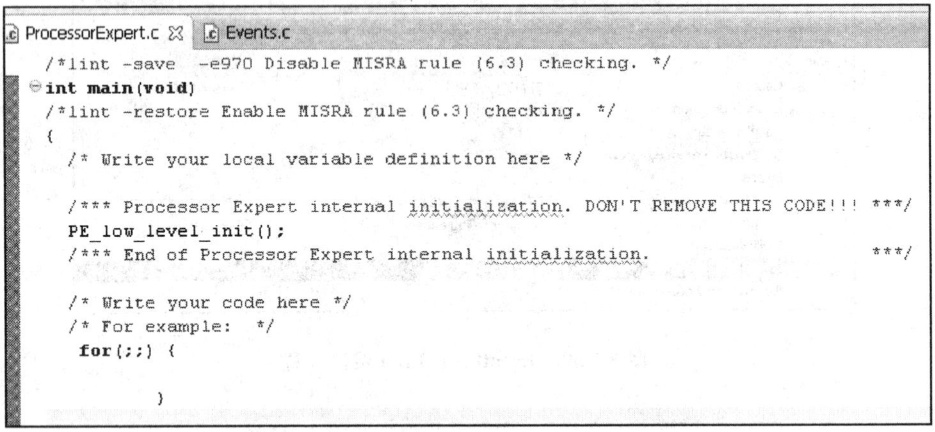

```
/*lint -save  -e970 Disable MISRA rule (6.3) checking. */
int main(void)
/*lint -restore Enable MISRA rule (6.3) checking. */
{
  /* Write your local variable definition here */

  /*** Processor Expert internal initialization. DON'T REMOVE THIS CODE!!! ***/
  PE_low_level_init();
  /*** End of Processor Expert internal initialization.                    ***/

  /* Write your code here */
  /* For example: */
  for(;;) {

  }
```

图 8-53　ProcessorExpert.c 文件

首先，声明一个变量 i，用来存储计数器的数值：

\# include "PE_Types.h"
\# include "PE_Error.h"
\# include "PE_Const.h"
\# include "IO_Map.h"
uint32 i;

在 for（；；）循环中写入如下函数：

/* lint - save - e970 Disable MISRA rule (6.3) checking. */
int main(void)
/* lint - restore Enable MISRA rule (6.3) checking. */
{
　　/* Write your local variable definition here */

　　/*** Processor Expert internal initialization. DON'T REMOVE THIS CODE!!! ***/
　　PE_low_level_init();
　　/*** End of Processor Expert internal initialization.   ***/

　　/* Write your code here */
　　/* For example：*/
　　for(;;) {
　　　　i = EC1_GetNumEvents(NULL);
　　}

接下来，单击"锤子图标" 进行编译，再单击"虫子图标" 进入调试和下载界面。注意此时先不要让程序运行。这时，需要用导线将 PTD1（信号输出端）和 PTC12（时间计数器输入端）短接起来，如图 8-54 所示。

第 8 章 TPM 模块介绍及操作例程

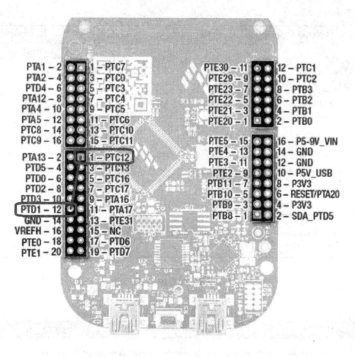

图 8-54 评估板导线短接示意图

将导线短接好后,回到调试界面,单击"观察器窗口"中的 Variables 栏,如图 8-55 所示。

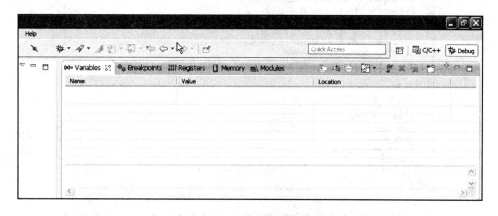

图 8-55 观察器窗口

按右键添加全局变量 Add Global Variables,如图 8-56 所示。

在弹出的全局变量列表中选择 i,如图 8-57 所示。

再选择"刷新"图标 ,选择 Refresh While Running(运行时刷新),如图 8-58 所示。

第 8 章　TPM 模块介绍及操作例程

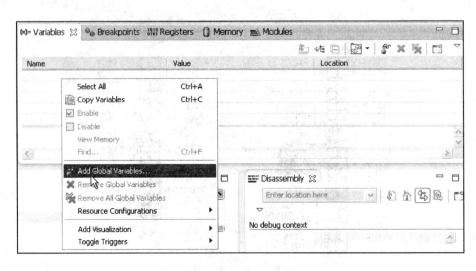

图 8-56　添加全局变量

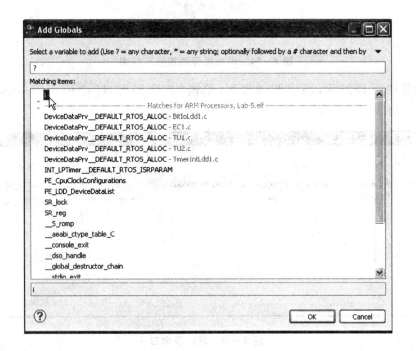

图 8-57　选择全局变量

此时，再单击"运行" ▶ 图标，程序开始运行。可以看到评估板上的蓝色 LED 每点亮一次，变量 i 的数值就会加 1，如图 8-58 所示。

第 8 章 TPM 模块介绍及操作例程

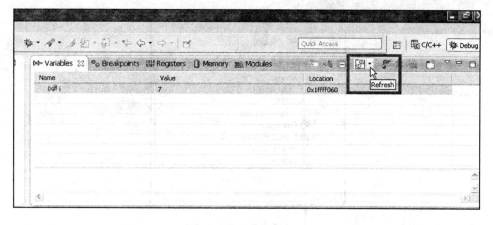

图 8-58 "刷新"设置

8.2.3 TPM 模块实现输入捕获功能上手实验（实验八）

1. 测量 PWM 波的频率

利用 TPM 模块除了可以对外部事件进行计数外，还可以对脉冲的宽度和频率进行测量。以实验六中的 PWM 波为信号源，通过 TPM 模块的输入捕获功能来测量这个 PWM 波的频率及脉冲宽度（即占空比）。

首先来测量 PWM 波的频率，如图 8-59 所示，只要测得 PWM 两个上升沿的间隔，即可计数出 PWM 的频率。

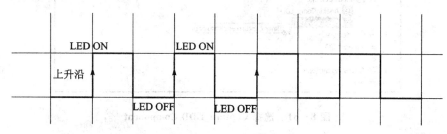

图 8-59 PWM 波频率测量原理

如前所述，先将 Lab-6 导入进工程窗口中，并进行复制、粘贴，并重命名为 Lab-8，如图 8-60 所示。

然后，单击 Component Library，选择 Logical Device Drivers->Measurement-> Capture_LDD，如图 8-61 所示。

双击这个 Component，它会加入到这个工程的 Components Tree 中。此时，会弹出一个对话框，选择 New component[TimerUnit_LDD]，单击 OK，如图 8-62 所示。

最终的 Components 配置如图 8-63 所示。

第 8 章 TPM 模块介绍及操作例程

图 8-60 导入并复制项目

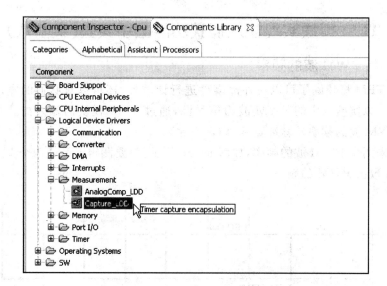

图 8-61 选择 Capture_LDD Component

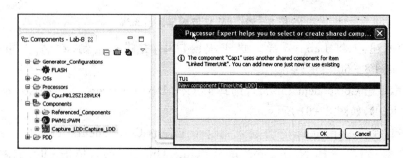

图 8-62 添加 Capture_LDD Component

第 8 章　TPM 模块介绍及操作例程

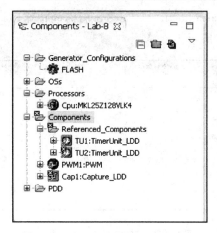

图 8-63　Component 文件夹

单击 Component Inspector，对 Capture_LDD 的属性进行配置。首先，将 Event->Input pin 选择为 PTA1，如图 8-64 所示。

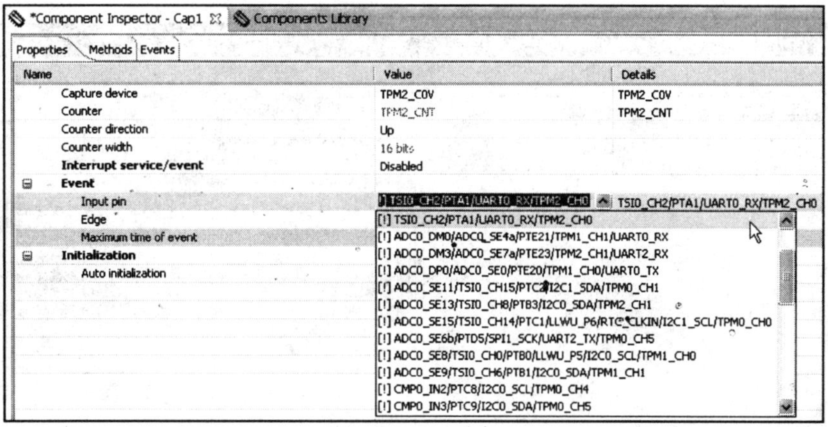

图 8-64　Input Pin 设置

将 Event->Edge 选择为 rising edge，这代表上升沿为有效事件，如图 8-65 所示。

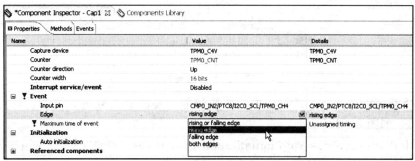

图 8-65　Edge 选择

第8章 TPM 模块介绍及操作例程

单击 Event->Maximum time of event 后面的按钮,对定时器可测量的最长时间进行设置,如图 8-66 所示。

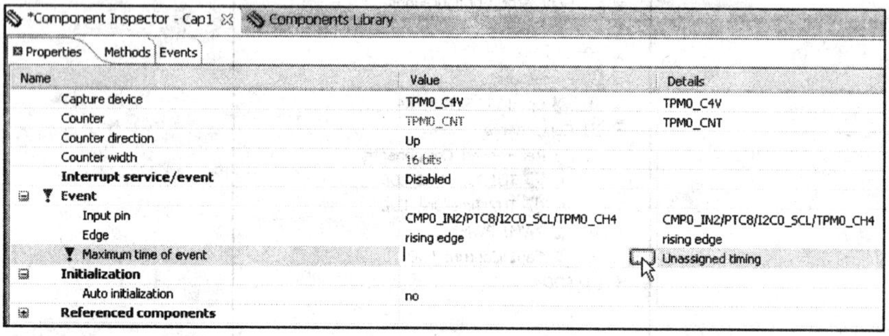

图 8-66 Maximum time of event

弹出如图 8-67 所示对话框。在 Value 中填入 1.365 333 ms,这代表着定时器可以测量的最长时间为 1.365 333 ms。

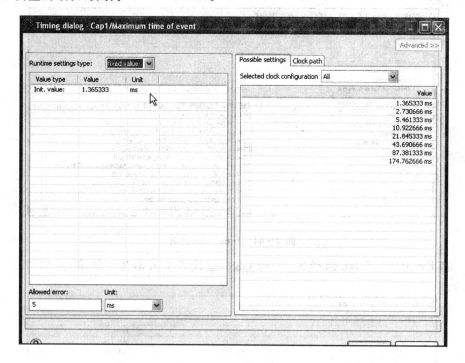

图 8-67 定时器最长时间设定

接下来,将 Capture_LDD 的中断函数使能。每次捕获到上升沿时,都进入到该中断函数,如图 8-68 所示。

将 Initialization->Auto initialization 选择为 yes。将该 Component 自动初始化,如图 8-69 所示。

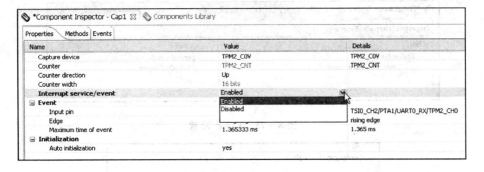

图 8-68　使能中断

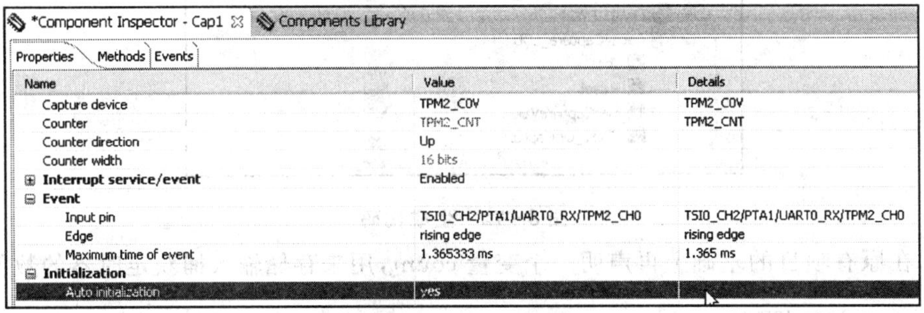

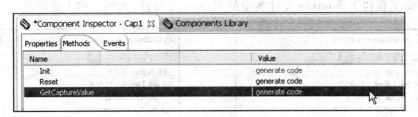

图 8-69　自动初始化

至此，已将 Capture_LDD Component 的 Properties（属性）配置好了。

单击 Methods 界面，确认 Reset 和 GetCaptureValue 方法生成代码。Reset 用于将计数器的数值清零，GetCaptureValue 用于读取当前输入捕获定时器的数值。这两个方法的形式参数如何填写可参考其帮助信息，如图 8-70 所示。

图 8-70　Methods 设置

然后，进入到 Events 界面，确认 OnCapture 事件生成代码。这代表着每次捕获到上升沿时，都进入到该中断函数事件，如图 8-71 所示。

此时，需要单击 Generate Processor Expert Code 按钮，让系统按照配置生成代码，如图 8-72 所示。

接下来，单击工程树下 Sources 文件夹里的 ProcessorExpert.c 文件，如图 8-73 所示。

第8章　TPM模块介绍及操作例程

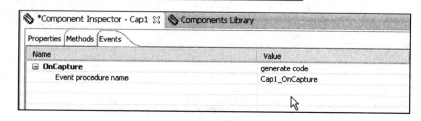

图 8-71　Event 设置

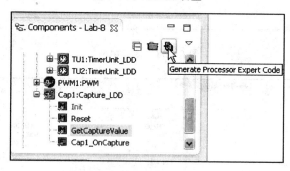

图 8-72　生成代码

在原有项目的基础上再声明一个变量 count，用来存储输入捕获定时器的数值：

```
#include "PE_Error.h"
#include "PE_Const.h"
#include "IO_Map.h"

word i, j;
uint32 count;
```

单击工程树下 Sources 文件夹里的 Events.c 文件，如图 8-74 所示。

图 8-73　ProcessorExpert.c 文件

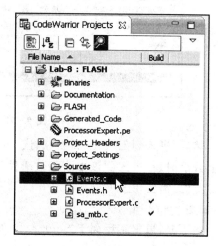

图 8-74　Events.c 文件

第8章 TPM 模块介绍及操作例程

找到 void Cap1_OnCapture()这个函数：

```
void Cap1_OnCapture(LDD_TUserData * UserDataPtr)
{

}
```

在其中写下如下代码。这段程序的意思是，先将输入捕获定时器中的数值取走，然后将这个计数器清零。

```
void Cap1_OnCapture(LDD_TUserData * UserDataPtr)
{
    extern uint32 count;
    Cap1_GetCaptureValue(NULL, &count);
    Cap1_Reset(NULL);
}
```

单击"锤子图标" 进行编译，再单击"虫子图标" 进入调试和下载界面。注意此时先不要让程序开始运行。需要用导线将 PTD1（信号输出端）和 PTA1（输入捕获定时器输入端）短接起来，如图 8-75 所示。

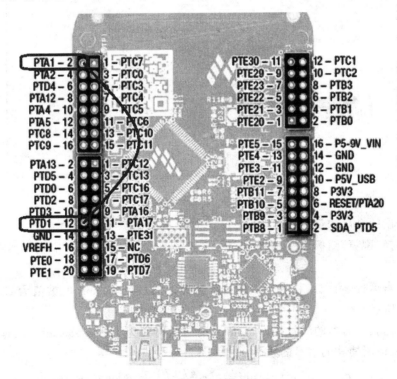

图 8-75 评估板导线短接示意图

第 8 章　TPM 模块介绍及操作例程

将导线短接好后,回到调试界面,单击"观察器窗口"中的 Variables 栏,如图 8-76 所示。

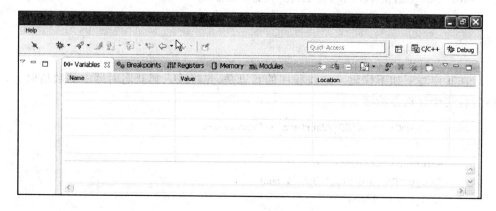

图 8-76　观察器窗口

按右键添加全局变量 Add Global Variables,如图 8-77 所示。

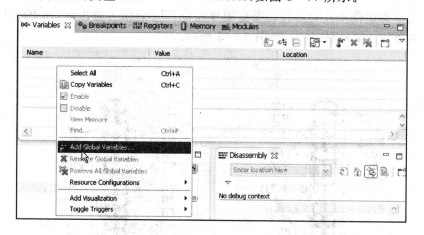

图 8-77　添加全局变量

在弹出的全局变量列表中选择 count,如图 8-78 所示。

再选择"刷新"图标 ,选择 Refresh While Running(运行时刷新),如图 8-79 所示。

再单击运行 图标,程序开始运行。这时,可以看到 count 的数值为 47 670,如图 8-80 所示。

输入捕获定时器的满量程为 65 535,对应的时间为 1.365 333 ms。根据如下公式,可以测得所捕获的信号的频率,约为 1 kHz。

$$T_{\text{Capture}} = 1.365\ 333\ \text{ms} \times \frac{47\ 670}{65\ 535} = 0.993\ 139\ \text{ms}$$

这与所配置的 PWM 频率是相符的,如图 8-81 所示。

第 8 章 TPM 模块介绍及操作例程

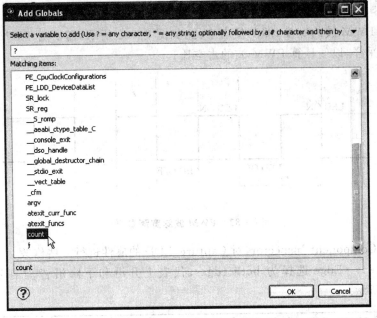

图 8-78 选择全局变量

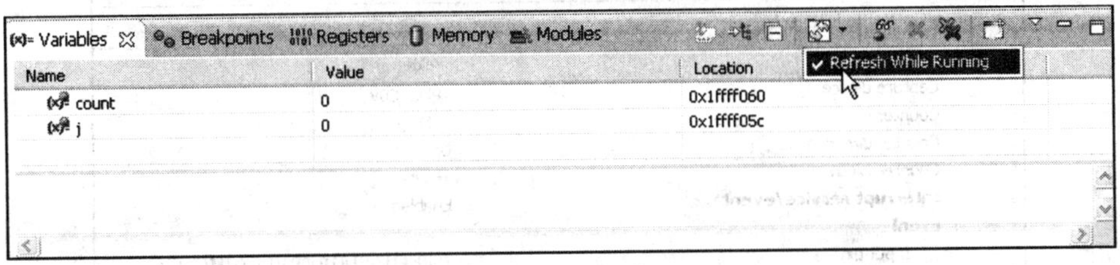

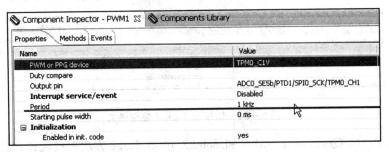

图 8-79 "刷新"设置

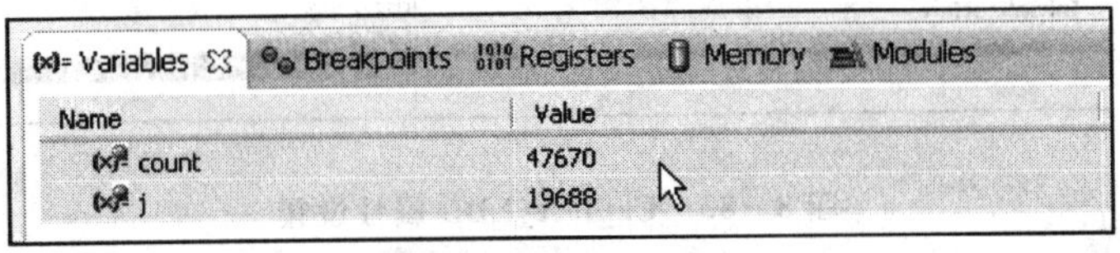

图 8-80 全局变量

图 8-81 PWM 周期的设定值

第8章 TPM模块介绍及操作例程

2. 测量PWM波的占空比

测量PWM波的宽度,即测量占空比,如图8-82所示,需要对PWM波的下降沿也进行采样,以便计算PWM波的占空比。

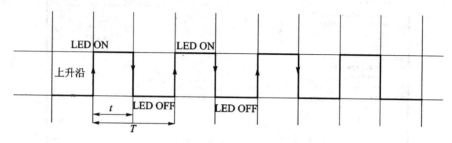

图8-82 PWM波脉宽测量原理

单击Component Inspector,对Capture_LDD的属性进行一些修改。

将Event→Edge选择为both edges,代表上升沿和下降沿皆为有效事件,如图8-83所示。

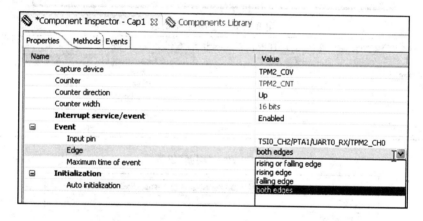

图8-83 Capture_LDD属性设置

接下来,单击Methods界面,将界面切换至专家模式,如图8-84所示。

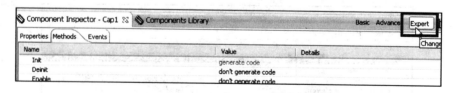

图8-84 切换至Expert视图模式

确认Reset、GetCaptureValue和SelectCaptureEdge方法生成代码。Reset用于将计数器的数值清零;GetCaptureValue用于读取当前输入捕获定时器的数值;

SelectCaptureEdge 用于选择上升沿还是下降沿。这三个方法的形式参数如何填写可参考其帮助信息,如图 8-85 所示。

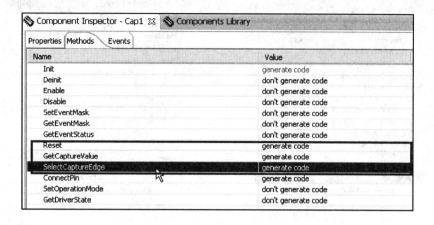

图 8-85　Methods 设置

此时,需要单击 Generate Processor Expert Code 按钮,让系统按照配置生成代码,如图 8-86 所示。

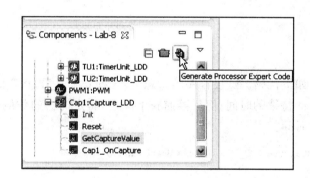

图 8-86　生成代码

接着,单击工程树下 Sources 文件夹里的 ProcessorExpert.c 文件,如图 8-87 所示。

在原有项目的基础上再声明变量 high 和 low,分别用来存储高电平和低电平时定时器的数值;声明变量 ratio 来表示占空比;再声明一个布尔量 edge,用于表示上升沿和下降沿,edge 的初始值为 TRUE。

```
word i, j;
uint32 high, low;
uint32 ratio;
bool edge = TRUE;
```

第 8 章　TPM 模块介绍及操作例程

单击工程树下 Sources 文件夹里的 Events.c 文件,如图 8-88 所示。

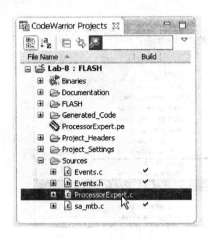

图 8-87　ProcessorExpert.c 文件

图 8-88　Events.c 文件

找到 void Cap1_OnCapture()这个函数:

```
void Cap1_OnCapture(LDD_TUserData * UserDataPtr)
{

}
```

在其中写下如下代码。这段程序的意思是:先捕获上升沿,将定时器的数值存入 low,表示低电平的持续的时间;而后再捕获下降沿,将定时器的数值存入 high,表示高电平的持续的时间。

```
void Cap1_OnCapture(LDD_TUserData * UserDataPtr)
{
    extern uint32 high, low;
    extern bool edge;
    if(edge == TRUE)
    {
        Cap1_GetCaptureValue(NULL, &low);
        Cap1_Reset(NULL);
        Cap1_SelectCaptureEdge(NULL,EDGE_FALLING);
        edge = FALSE;
    }
    else
    {
```

```
Cap1_GetCaptureValue(NULL, &high);
Cap1_Reset(NULL);
Cap1_SelectCaptureEdge(NULL,EDGE_RISING);
edge = TRUE;
}
```

单击工程树下 Sources 文件夹里的 ProcessorExpert.c 文件,回到 main()函数中,并在 for(;;)循环中加入如下代码用于计算占空比:

```
for(;;){
    for(i = 0;i<1000;i++){}
    PWM1_SetRatio16(j);
    j++;
    ratio = (100 * high)/(high + low);
}
```

接下来,单击"锤子图标" 进行编译,再单击"虫子图标" 进入调试和下载界面,并确认导线将 PTD1(信号输出端)和 PTA1(输入捕获定时器输入端)短接起来。

单击"观察器窗口"中的 Variables 栏,如图 8-89 所示。

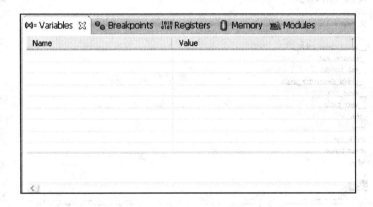

图 8-89 观察器窗口

按右键添加全局变量 Add Global Variables,如图 8-90 所示。

在弹出的全局变量列表中选择 ratio 和 j,如图 8-91 所示。

再选择"刷新"图标 ,选择 Refresh While Running(运行时刷新),如图 8-92 所示。

至此,再单击"运行" 图标,程序开始运行。这时,可以看到 ratio 的数值随 LED 的亮度变化,如图 8-93 所示。

由于变量 j 是设定的 PWM 波占空比的数值,通过如下公式可以计算出占空比为 35.35%,与测量值 Ratio 相符:

第8章 TPM模块介绍及操作例程

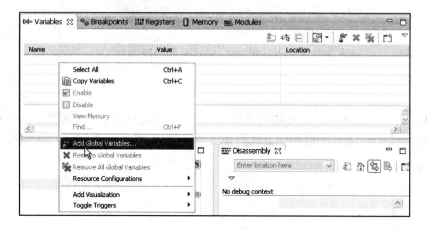

图8-90 添加全局变量

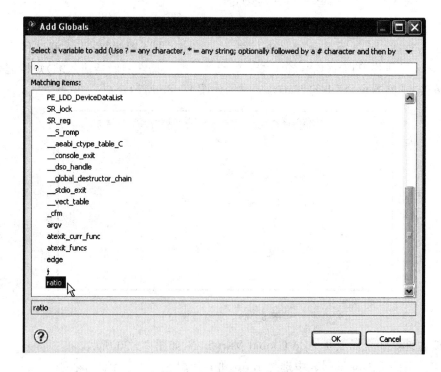

图8-91 选择全局变量

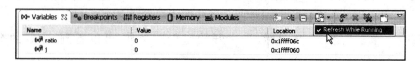

图8-92 "刷新"设置

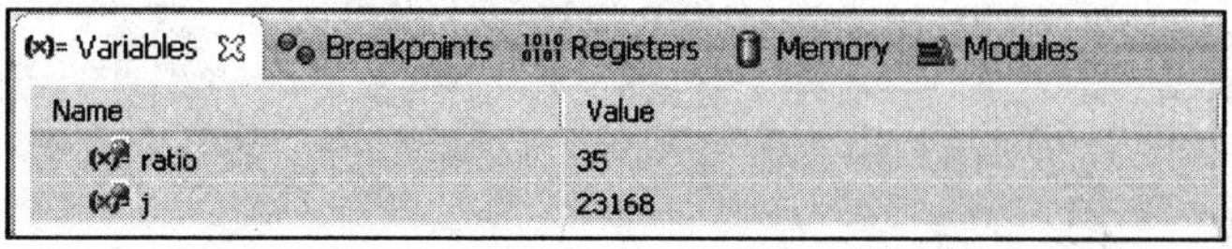

图 8-93 全局变量

$$\mathrm{Ratio}_{\mathrm{SET}} = \frac{23\,168}{65\,535} \times 100\% = 35.35\%$$

至此,输入捕获功能演示完毕。

第 9 章

INT 外部中断模块介绍及操作例程

9.1 INT 外部中断模块介绍

外部中断模块可以监测引脚上的电平变化,如按键、开关量信号等。MKL25-Z128VLK5 单片机的所有数字 I/O 引脚均支持外部中断功能。

外部中断模块具有如下几种工作模式：
- 外部高电平触发中断；
- 外部低电平触发中断；
- 上升沿触发中断；
- 下降沿触发中断；
- 上升沿和下降沿均触发中断；
- 上升沿触发 DMA 操作；
- 下降沿触发 DMA 操作；
- 上升沿和下降沿均触发 DMA 操作。

9.2 INT 外部中断模块上手实验(实验九)

实验九将演示如何使用评估板上的按键来产生外部中断。

这块评估板上只有一个按键,那就是 Reset 按键。按照前述实验步骤来新建一个项目,并将 MCU 的时钟模式配置成 PEE,即外部 8 MHz 晶体锁相环倍频。MCU 工作频率设置为 Core clock 48.0 MHz,Bus clock 24.0 MHz,如图 9-1 所示。

单击 Component Library,选择 CPU Internal Peripherals—>Interrupts—>ExtInt,如图 9-2 所示。

双击这个 Component,它会加入到这个工程的 Components Tree 中,如图 9-3 所示。

单击 Component Inspector,对 ExtInt 的属性进行配置。

首先,将 Pin 选择为 PTA20,如图 9-4 所示。

第 9 章　INT 外部中断模块介绍及操作例程

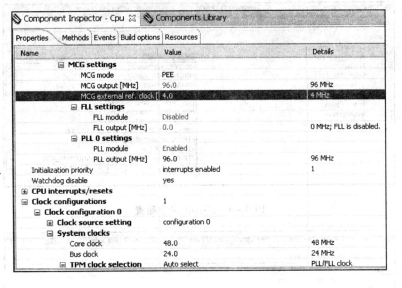

图 9-1　单片机系统时钟配置

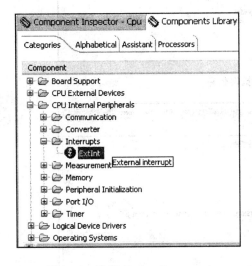

图 9-2　选择 ExtInt Component

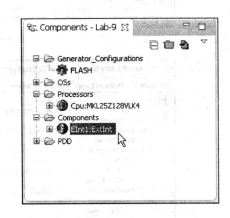

图 9-3　添加 ExtInt Component

这时会出现错误信息，根据显示的错误信息，这个引脚已经用于 CPU 这个 Component，如图 9-5 所示。

单击"CPU"Component。在 Component Inspector 中找到 Internal peripherals－>Reset control，将其由 Enabled 改成 Disabled，如图 9-6 所示。

此时，错误信息消失，如图 9-7 所示。

接下来，继续配置 ExtInt 的属性。将 Generate interrupt on 选择为 falling edge，这代表下降沿将触发中断事件，如图 9-8 所示。

第 9 章　INT 外部中断模块介绍及操作例程

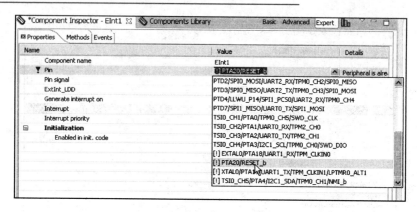

图 9-4　ExtInt 属性配置

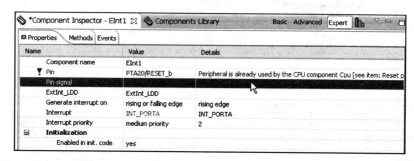

图 9-5　错误信息

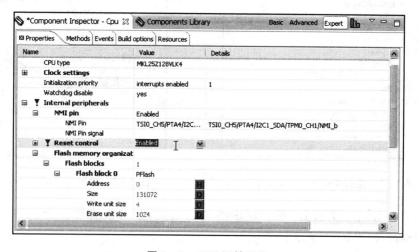

图 9-6　CPU 属性设置

单击 Methods 界面,确认 GetVal 方法生成代码。GetVal 方法用于读取引脚上的电平信号,如图 9-9 所示。

接下来,进入到 Events 界面,确认 OnInterrupt 事件生成代码。这代表着每次下降沿时,都进入到该中断函数事件,如图 9-10 所示。

第 9 章　INT 外部中断模块介绍及操作例程

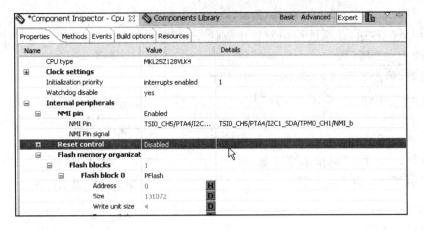

图 9 – 7　CPU 属性设置

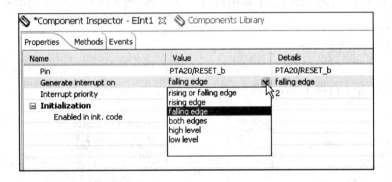

图 9 – 8　ExtInt 属性设置

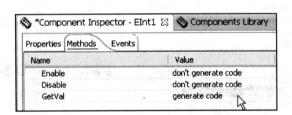

图 9 – 9　Methods 设置

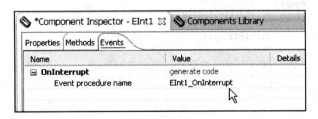

图 9 – 10　中断事件设置

第9章 INT外部中断模块介绍及操作例程

此时，需要单击 Generate Processor Expert Code 按钮，让系统按照配置生成代码，如图9-11所示。

接着，单击工程树下 Sources 文件夹里的 ProcessorExpert.c 文件，如图9-12所示。

先声明变量 count，用来对按键的按压次数进行计数，再声明布尔型变量 button，用来对引脚上的电平进行读取：

图9-11 生成代码

```
byte count;
bool button;
```

在 main()函数的 for(;;)循环中写入如下代码，用于读取引脚上的电平值：

```
for(;;){
    button = EInt1_GetVal();
}
```

然后，单击工程树下 Sources 文件夹里的 Events.c 文件，如图9-13所示。

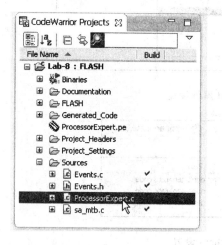

图9-12 ProcessorExpert.c 文件

图9-13 Events.c 文件

找到 void EInt1_OnInterrupt(void)这个函数：

```
void EInt1_OnInterrupt(void)
{

}
```

在其中写下如下代码，这段程序的意思是：每当按键按下，count 会自增1。

```
void EInt1_OnInterrupt(void)
{
    extern byte count;
    count ++;
}
```

接下来,单击"锤子图标" 进行编译,再单击"虫子图标" 进入调试和下载界面。单击"观察器窗口"中的 Variables 栏,如图 9 - 14 所示。

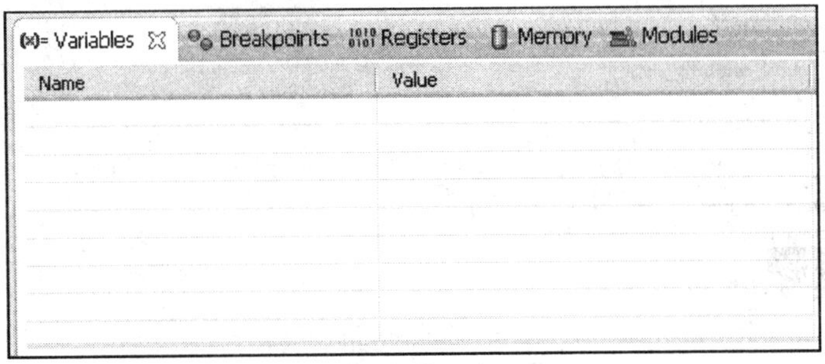

图 9 - 14 观察器窗口

按右键添加全局变量 Add Global Variables,如图 9 - 15 所示。

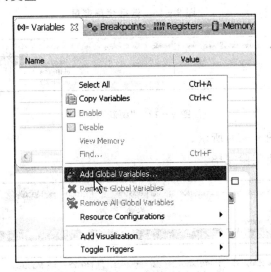

图 9 - 15 添加全局变量

在弹出的全局变量列表中选择 count 和 button,如图 9 - 16 所示。

再选择"刷新"图标 ,选择 Refresh While Running(运行时刷新),如图 9 - 17 所示。

此时,再单击"运行" 图标,程序开始运行。每按一次 Reset 按键,count 值自增 1;如果一直按住 Reset 按键不放,则 button 值由 1 变为 0,这代表此时的 Reset 引

第 9 章 INT 外部中断模块介绍及操作例程

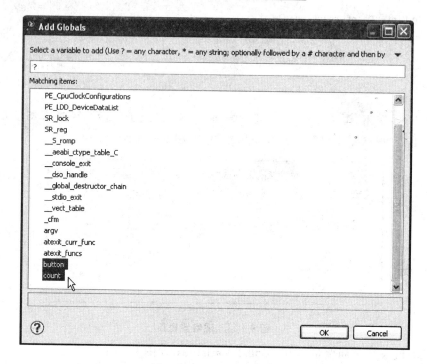

图 9-16 选择全局变量

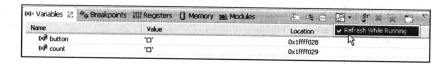

图 9-17 "刷新"设置

脚上是低电平,如图 9-18 所示。

至此,外部中断实验完毕。

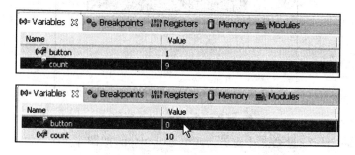

图 9-18 全局变量数值的变化

第 10 章

片上 FLASH 模块介绍及操作例程

10.1 片上 FLASH 模块介绍

飞思卡尔 Kinetis 系列单片机的 FLASH 采用 TFS(Thin Film Storage,薄膜存储器)工艺,可支持低电压擦写功能,即常说的使用 FLASH 来实现 EEPROM 的功能。单片机 MKL25Z128VLK5 的 FLASH 空间大小为 128 KB,共分为 128 个扇区(Sector),每个扇区为 1 KB。FLASH 的地址空间为 0x0000_0000~0x0001_FFFF。

10.2 片上 FLASH 模块上手实验(实验十)

接下来的实验将演示如何实现这个功能。按照前述实验步骤来新建一个项目,并将 MCU 的时钟模式配置成 PEE,即外部 8 MHz 晶体经锁相环倍频。MCU 工作频率设置为 Core clock 48.0 MHz,Bus clock 24.0 MHz,如图 10-1 所示。

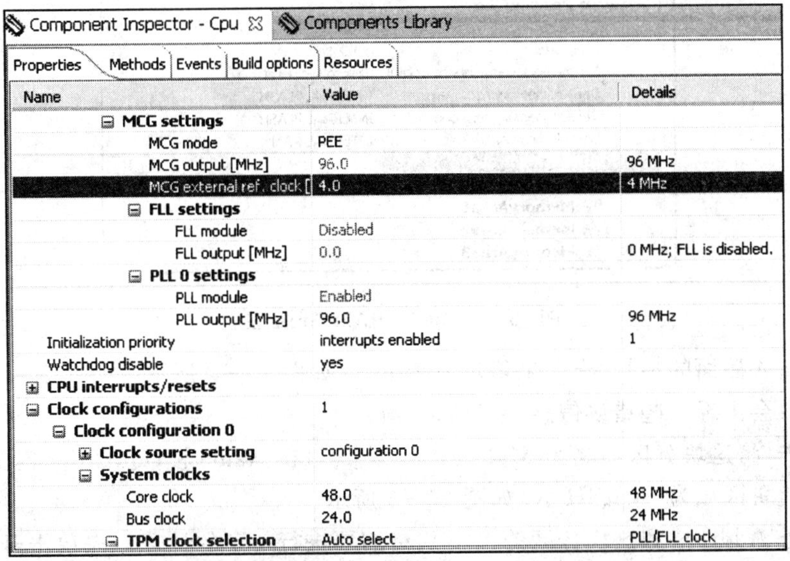

图 10-1 单片机系统时钟设置

第 10 章 片上 FLASH 模块介绍及操作例程

单击"Cpu" Component 的 Build option 项,如图 10-2 所示。

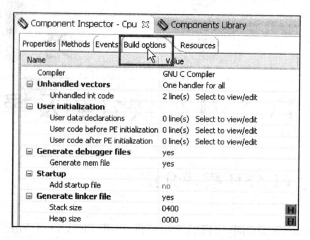

图 10-2 Cpu Build option 设置

在 Generate linker file—>ROM/RAM Areas 显示 FLASH 和 RAM 的分区情况,默认情况下是 4 个分区,如图 10-3 所示。

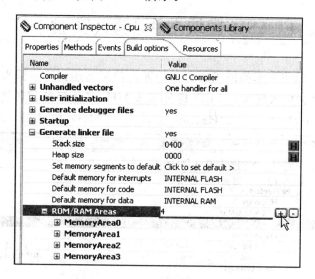

图 10-3 ROM/RAM Areas 设置

单击 4 后面的加号"+",来增加一个分区,如图 10-4 所示。

这时会出现一些错误信息,来进行修改。

首先,将这块分区命名为 MyFLASH,将其写在 Name 栏;Qualifier 定义为 RX,这表示此块区域为 FLASH 区,如图 10-5 所示。

地址 Address 和这块分区的大小 Size 需要进行一定的计算。先单击开 MemoryArea2,这是系统默认的 FLASH 区地址和尺寸定义,需要在这块 FLASH 中划分出一块区域来供使用,如图10-6所示。

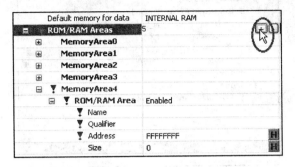

图10-4　增加分区

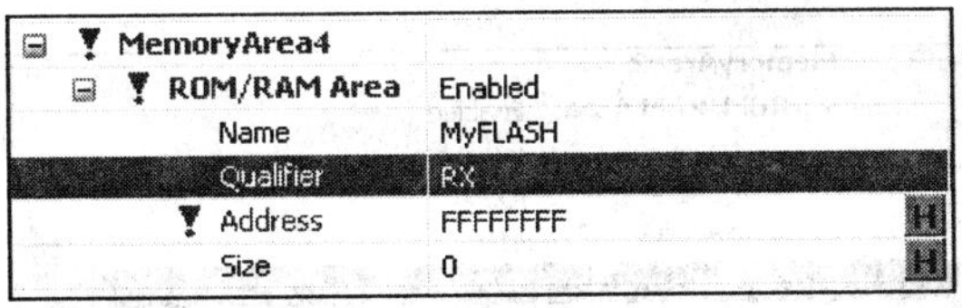

图10-5　定义分区

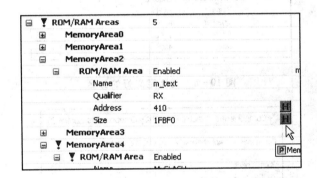

图10-6　系统默认分区

系统默认的 FLASH 区起始地址是 0x410,大小为 0x1FBF0,两者相加可知道 FLASH 区的终止地址为 0x20000。从这块 FLASH 区中划分出一块 1 KB 大小的 MyFLASH 来,即 0x20000 减去 0x400,等于 0x1FC00。这就是 MyFLASH 区的起始地址。将 1FC00 填入到 MemoryArea4—＞ROM/RAM Area—＞Address 中, Size 中填入 400(这是十六进制的数值,换算成十进制为 1 024),如图10-7所示。

这时还会有错误信息,这是由于没有将系统默认 FLASH 区的尺寸减少, 0x1FBF0 减去 0x400,等于 0x1F7F0,将此数值填入 Size 栏。此时,错误信息消失,新的 FLASH 区划分好了,如图10-8所示。

接下来,单击 Component Library,选择 CPU Internal Peripherals—＞Memory—＞IntFLASH,如图10-9所示。

第 10 章 片上 FLASH 模块介绍及操作例程

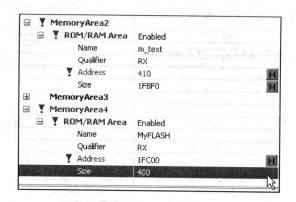

图 10 - 7 重新定义的分区

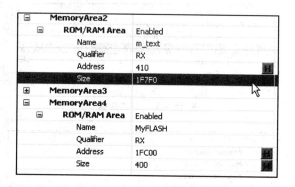

图 10 - 8 重新定义好的分区

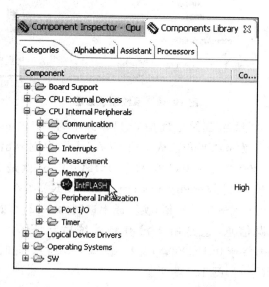

图 10 - 9 选择 IntFLASH Component

双击这个 Component,它会加入到这个工程的 Components Tree 中,如图 10-10 所示。

单击 Component Inspector,对 IntFLASH 的属性进行配置。

只需将 Write method 设置成 Safe write 安全写,其他选项保持默认即可,如图 10-11 所示。

接下来,单击 Methods 界面,确认 SetByteFLASH 和 GetByteFLASH 方法生成代码。这两个方法分别用于向 FLASH 中写入和读取一个字节的数据,如图 10-12 所示。其他方法的用法请参考帮助文档。

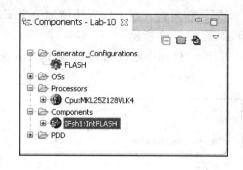

图 10-10 添加 IntFLASH Component

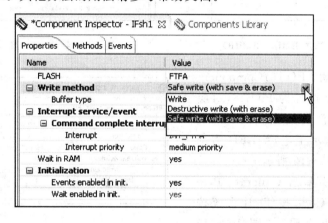

图 10-11 属性配置

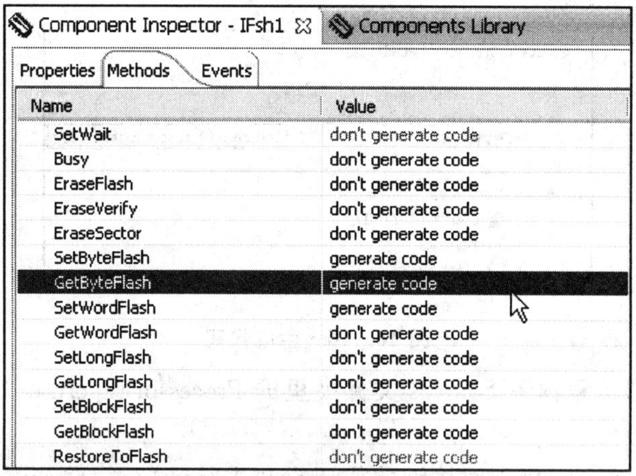

图 10-12 Methods 配置

第 10 章　片上 FLASH 模块介绍及操作例程

然后，按照前述实验的方法增加一个 ExtInt(外部中断)和 BitIO(用来驱动 LED 灯)，如图 10-13 所示。

ExtInt(外部中断)Component 的 Pin 选择为 Reset 键(PTA20)，下降沿有效，如图 10-14 所示。

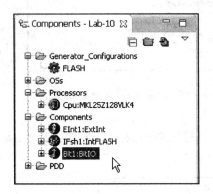

图 10-13　添加 ExtInt 和 BitIO

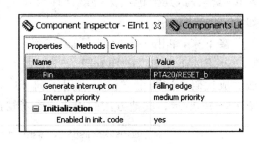

图 10-14　ExtInt 属性配置

BitIO(驱动 LED 灯)Component 的 Pin for I/O 选择为 PTB18，对应着红色 LED 灯；初始值(Init value)选择为 1，这表示上电后，LED 为熄灭状态，如图 10-15 所示。

此时，需要单击 Generate Processor Expert Code 按钮，让系统按照的配置生成代码，如图 10-16 所示。

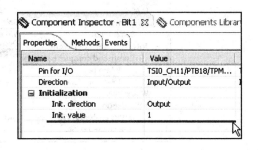

图 10-15　BitIO 属性配置

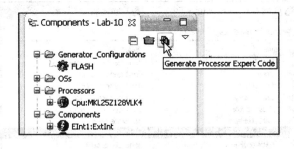

图 10-16　生成代码

接下来，单击工程树下 Sources 文件夹里的 ProcessorExpert.c 文件，如图 10-17 所示。

先声明变量 count，用来对按键的按压次数进行计数；声明变量 store，用来读取 FLASH 中存储的数值；再声明布尔型变量 button 用来表示按键是否按下。

第 10 章 片上 FLASH 模块介绍及操作例程

```
byte count, stroe;
bool button = FASE;
```

在 main() 函数中写入如下代码,这段代码的意思是:程序开始运行时,先将 FLASH 地址 0x1FC00 中的数据读取出来存在 store 中;然后,在 for(;;)循环中只要检测到按键按下,则按键计数值 count 被存储到 FLASH 地址 0x1FC00 中;之后,再由地址 0x1FC00 中读取回来。

```
int main(void)
/* lint -restore Enable MISRA rule (6.3) checking. */
{
    /* Write your local variable definition here */
    /*** Processor Expert internal initialization. DON'T REMOVE THIS CODE!!! ***/
    PE_low_level_init();
    /*** End of Processor Expert internal initialization.                    ***/
    /* Write your code here */
    /* For example: */
    IFshl_GetByteFlash(0x1FC00,&store);
    count = store;
    for(;;) {
        if(button)
        {
            IFshl_SetByteFlash(0x1FC00,count);
            IFshl_GetByteFlash(0x1FC00,&store);
            button = FALSE;
        }
    }
}
```

接下来,单击工程树下 Sources 文件夹里的 Events.c 文件,如图 10-18 所示。

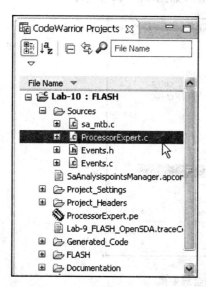

图 10-17 ProcessorExpert.c 文件

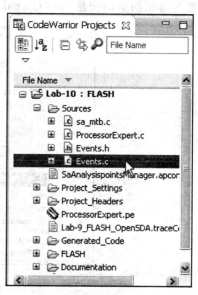

图 10-18 Events.c 文件

第10章 片上 FLASH 模块介绍及操作例程

找到 void EInt1_OnInterrupt(void)这个函数:

```
void EInt1_OnInterrupt(void)
{

}
```

在其中写下如下代码。这段程序的意思是:每当按键按下,count 会自增 1;且 button 状态为真(TRUE),表示按键按下。

```
void EInt1_OnInterrupt(void)
{
  extern byte count;
  extern bool button;
  count ++
  button = TRUE;
}
```

然后,单击"锤子图标" 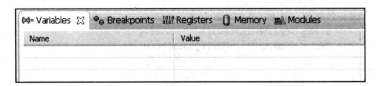 进行编译,再单击"虫子图标" 进入调试和下载界面。单击"观察器窗口"中的 Variables 栏,如图 10-19 所示。

图 10-19 观察器窗口

按右键添加全局变量 Add Global Variables,如图 10-20 所示。

图 10-20 添加全局变量

第 10 章　片上 FLASH 模块介绍及操作例程

在弹出的全局变量列表中选择 count 和 store,如图 10-21 所示。

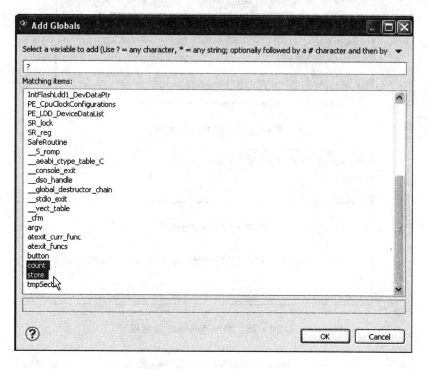

图 10-21　选择全局变量

再选择"刷新"图标 ，选择 Refresh While Running(运行时刷新),如图 10-22 所示。

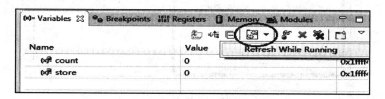

图 10-22　"刷新"设置

至此,再单击"运行" 图标,程序开始运行。每按动一次 Reset 按键,count 值自增 1,并且 store 值也自增 1,如图 10-23 所示。

这时,再单击"观察器窗口"中的 Memory 栏,如图 10-24 所示。

单击加号,如图 10-25 所示。

在弹出的对话框中输入进行读写操作的 FLASH 地址——0x1FC00,如图 10-26 所示。

这时,可以看到 FLASH 地址 0x1FC00 中的内容为 3,如图 10-27 所示。

接下来,再增加一个 LED 灯使得效果更直观。在 for(;;)循环中加入如下代码,

第10章 片上FLASH模块介绍及操作例程

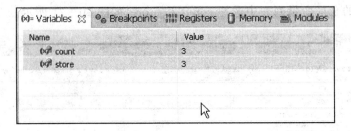

图10-23 全局变量的变化

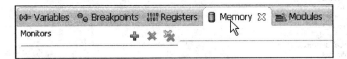

图10-24 Memory栏

图10-25 添加Memory观察器

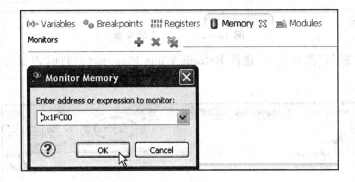

图10-26 设置Memory地址

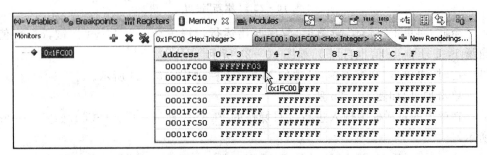

图10-27 Memory地址中的数值

第 10 章 片上 FLASH 模块介绍及操作例程

使 count 达到 10 后,红色 LED 会闪烁几次。

```
for(;;) {
    if(button)
    {
        IFsh1_SetByteFlash(0x1FC00,count);
        IFsh1_GetByteFlash(0x1FC00,&store);
        button = FALSE;
    }

    if(count == 10)
        {
            for(i = 0;i<20;i++)
            {
                Bit1_NegVal();
                for(j = 0;j<65535;j++) { }
            }
            Bit1_SetVal();
            count = 0;
        }
}
```

单击"锤子图标"进行编译,再单击"虫子图标"进入调试和下载界面,再单击"运行"图标,程序开始运行。

这时,先按 5 次按键,然后将评估板上的 Mini-USB 线拔掉,这样可使评估板断电,之后再插上 USB 线,使评估板上电。再按 5 次按键,LED 就会闪烁。这表明 count 的数据被成功存储到 FLASH 中,掉电后数据不会丢失。

至此,片上 FLASH 读写实验完毕。

第11章

DAC 数/模转换模块介绍及操作例程

11.1 DAC 数/模转换模块介绍

数/模转换器(Digital – Analog Converter, DAC)的作用正好与 ADC 相反, 它是将 MCU 内部的数字信号转换成模拟信号, 通过引脚输出或作为 MCU 内部其他模块的输入。Kinetis L 系列单片机的 DAC 模块具有如下特性:
- 12 位转换精度;
- 可选择不同的 DAC 参考电压源;
- 支持低功耗模式工作, 在低功耗模式下, DAC 的输出保持不变;
- 具有 2 个字长度的数据缓冲区;
- 支持 DMA 功能。

11.2 DAC 数/模转换模块上手实验(实验十一)

下面演示 DAC 模块的使用。

按照前述实验步骤来新建一个项目, 并将 MCU 的时钟模式配置成 PEE, 即外部 8 MHz 晶体锁相环倍频。MCU 工作频率设置为 Core clock 48.0 MHz, Bus clock 24.0 MHz, 如图 11 - 1 所示。

接下来, 单击 Component Library, 选择 Logical Device Drivers —> Converter —> DAC_LDD, 如图 11 - 2 所示。

双击这个 Component, 它会加入到这个工程的 Components Tree 中, 如图 11 - 3 所示。

单击 Component Inspector, 对 DAC_LDD 的属性进行配置。

将 Initialization —> Auto initialization 选择为 yes; 将该 Component 自动初始化, 如图 11 - 4 所示。

单击 Methods 界面, 确认 SetValue 方法生成代码。SetValue 方法用于设置 DAC。关于该函数的形式参数如何填写, 请参考帮助文档, Methods 设置如图 11 - 5 所示。

第 11 章　DAC 数/模转换模块介绍及操作例程

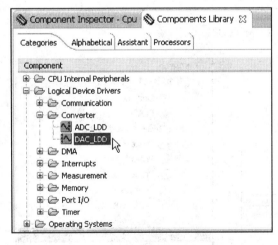

图 11-1　单片机系统时钟设置

图 11-2　选择 DAC_LDD

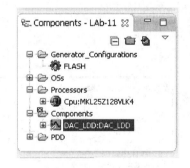

图 11-3　添加 AC_LDD

此时，需要单击 Generate Processor Expert Code 按钮，让系统按照配置生成代码，如图 11-6 所示。

接下来，单击工程树下 Sources 文件夹里的 ProcessorExpert.c 文件，如图 11-7 所示。

先定义一个常量数组 SinData[256]，这个数组用于生成正弦波：

```
static const uint16_t SinData[25] = {
    2047U, 2097U, 2147U, 2198U, 2248U, 2298U, 2347U, 2397U, 2246U, 2496U, 2544U, 2593U, 2641U, 2689U,
    2737U, 2784U, 2830U, 2877U, 2922U, 2967U, 3012U, 3056U, 3099U, 3142U, 3184U, 3226U, 3266U, 3306U,
```

第 11 章　DAC 数/模转换模块介绍及操作例程

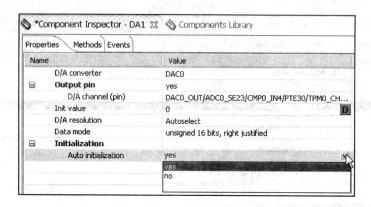

图 11 - 4　属性设置

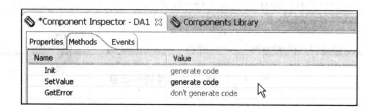

图 11 - 5　Methods 设置

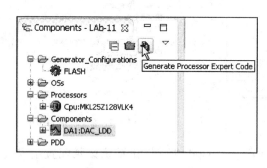

图 11 - 6　生成代码

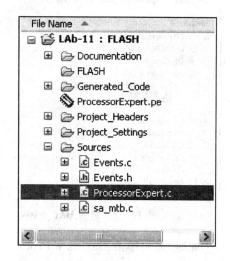

图 11 - 7　ProcessorExpert. c 文件

3346U,　3384U,　3422U,　3458U,　3494U,　3530U,　3564U,　3597U,　3629U,　3661U,　3691U,　3721U,　3749U,　3776U,
3803U,　3828U,　3852U,　3875U,　3897U,　3918U,　3938U,　3957U,　3974U,　3991U,　4006U,　4020U,　4033U,　4044U,
4055U,　4064U,　4072U,　4079U,　4084U,　4088U,　4092U,　4093U,　4094U,　4093U,　4092U,　4088U,　4084U,　4079U,
4072U,　4064U,　4055U,　4044U,　4033U,　4020U,　4006U,　3911U,　3974U,　3957U,　3938U,　3918U,　3897U,　3875U,
3852U,　3828U,　3803U,　3776U,　3749U,　3721U,　3691U,　3661U,　3629U,　597U,　3564U,　3530U,　3494U,　3458U,
3422U,　3384U,　3346U,　3306U,　3266U,　3226U,　3184U,　3142U,　3099U,　3056U,　3012U,　2967U,　2922U,　2877U,
2830U,　2784U,　2737U,　2689U,　2641U,　2593U,　2544U,　2496U,　2446U,　2397U,　2347U,　2298U,　2248U,　2198U,

第 11 章　DAC 数/模转换模块介绍及操作例程

```
  2147U,  2097U,  2047U,  1997U,  1947U,  1896U,  1846U,  1796U,  1747U,  1697U,  1648U,  1598U,  1550U,  1501U,
  1453U,  1405U,  1357U,  1310U,  1264U,  1217U,  1172U,  1127U,  1082U,  1038U,   995U,   952U,   910U,   868U,
   828U,   788U,   748U,   710U,   672U,   636U,   600U,   564U,   530U,   497U,   465U,   433U,   403U,   373U,
   345U,   318U,   291U,   266U,   242U,   219U,   197U,   176U,   156U,   137U,   120U,   103U,    88U,    74U,
    61U,    50U,    39U,    30U,    22U,    15U,    10U,     6U,     2U,     1U,     0U,     1U,     2U,     6U,
    10U,    15U,    22U,    30U,    39U,    50U,    61U,    74U,    88U,   103U,   120U,   137U,   156U,   176U,
   197U,   219U,   242U,   266U,   291U,   318U,   345U,   373U,   403U,   433U,   465U,   497U,   530U,   564U,
   600U,   636U,   672U,   710U,   748U,   788U,   828U,   868U,   910U,   952U,   995U,  1038U,  1082U,  1127U,
  1172U,  1217U,  1264U,  1310U,  1357U,  1405U,  1453U,  1501U,  1550U,  1598U,  1648U,  1697U,  1747U,  1796U,
  1846U,  1896U,  1947U,  1997U,
};
```

在 main()函数的 for(;;)循环中写入如下代码,通过一个 256 步的 for(;;)循环,实现对 DAC 的赋值,从而生成正弦波信号。

```
for(;;)
{
    byte i;
        for(i=0;i<256;i++)
        {
            DA1_SetValue(NULL, SinData[i]);
        }
}
```

接下来,单击"锤子图标" 进行编译,然后单击"虫子图标" 进入调试和下载界面,再单击"运行" 图标,程序开始运行。此时用示波器可以在 PTE30 引脚上捕获到正弦波信号,如图 11-8 所示。

还可以使用同样的方法让 DAC 生成锯齿波、三角波等其他波形。

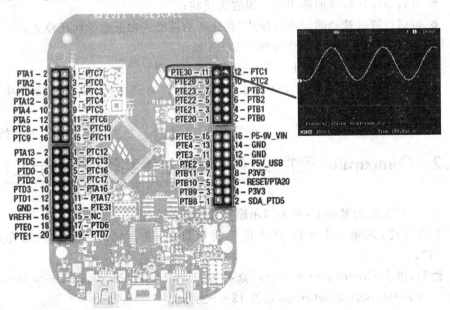

图 11-8　使用示波器测量正弦波信号

第 12 章

Comparator 模拟比较器模块介绍及操作例程

12.1 Comparator 模拟比较器模块介绍

Kinetis L 系列单片机的模拟比较器模块由比较器、6 位 DAC 和两个多路复选器(MUX)组成。该模块的特性如下：
- 全电源电压范围工作；
- 轨至轨的输入信号范围；
- 可编程回滞控制；
- 电压比较器的输出信号可触发中断,可通过软件选择由输出信号的上升沿、下降沿或上升/下降沿来触发中断；
- 可将电压比较器的输出信号设置为反相；
- 可通过软件选择两种运行模式:高速高功耗模式和低速低功耗模式；
- 电压比较器的输出信号可触发 DMA 操作；
- 该模块的 6 位 DAC 可选择不同的参考电压源；
- 在不需要使用该 6 位 DAC 时,可通过软件将其关闭,以达到降低功耗的目的；
- 该模块还包含两个 8 转 1 的多路复选器(MUX),可实现信号通道的切换。

12.2 Comparator 模拟比较器模块上手实验(实验十二)

在 DAC 实验的基础上,再来演示模拟比较器的应用。

如前所述,先将 Lab-11 导入进工程窗口中,进行复制、粘贴,并重命名为 Lab-12。

然后,单击 Component Library,选择 CPU Internal Peripherals—>Measurement—>FreescaleAnalogComp,如图 12-1 所示。

双击这个 Component,它会加入到这个工程的 Components Tree 中,如图 12-2 所示。

第 12 章　Comparator 模拟比较器模块介绍及操作例程

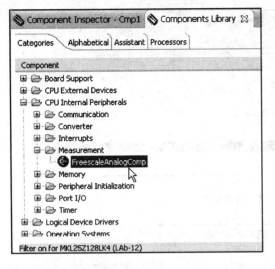

图 12-1　选择 FreescaleAnalogComp Component

图 12-2　添加 Component

单击 Component Inspector，对 FreescaleAnalogComp 的属性进行配置。

首先，将 Positive input->Pin 选择为 DAC12b0_Output，将 DAC 的输出作为正输入，如图 12-3 所示。

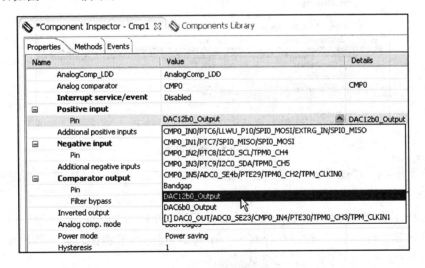

图 12-3　属性设置

再将 Negative input->Pin 选择为 Bandgap，将 Bandgap 作为负输入端，如图 12-4 所示。

将 Comparator output 选择为 Enabled，使能电压比较器的输出，Pin 选择为 PTC0，如图 12-5 所示。

至此，FreescaleAnalogComp 的属性已配置好了。这个实验无需编写任何代码。

第12章 Comparator 模拟比较器模块介绍及操作例程

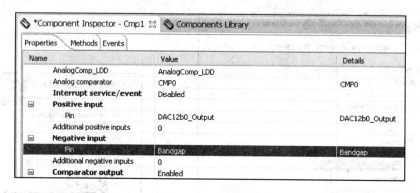

图 12-4 属性设置

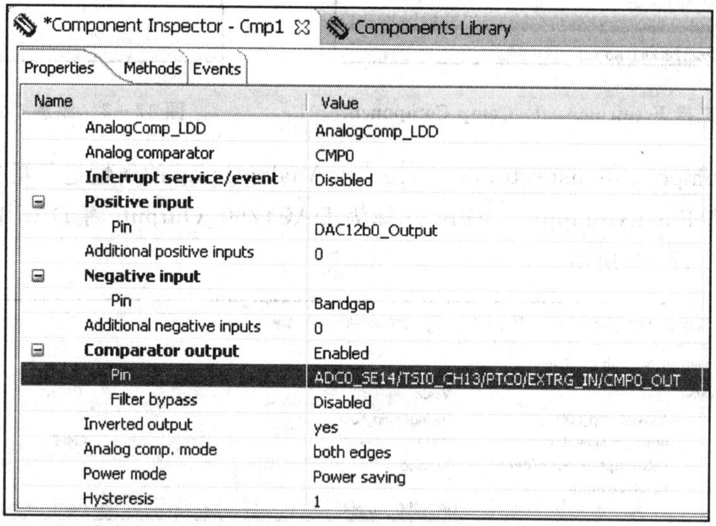

图 12-5 属性设置

接下来，单击"锤子图标" 进行编译，再单击"虫子图标" 进入调试和下载界面，单击"运行" 图标，程序开始运行。

此时，用示波器的两个笔针分别连接 PTE30 和 PTC0 引脚，会显示如图 12-6 所示的波形。当 DAC 的输出电压高于 Bandgap 电压时，模拟比较器的输出端 PTC0 为高电平；反之，PTC0 输出低电平。

第 12 章　Comparator 模拟比较器模块介绍及操作例程

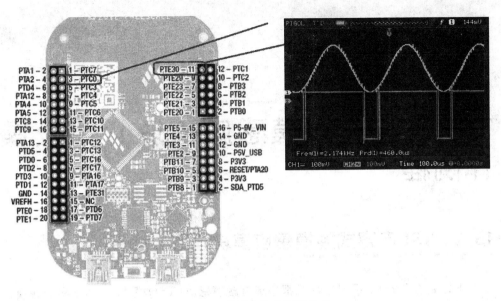

图 12-6　使用示波器测量信号

第13章 TSI 电容式触摸感应模块介绍及操作例程

13.1 TSI 电容式触摸感应模块介绍

飞思卡尔 Kinetis 系列单片机都集成有触摸感应(TSI)模块,可用于实现触摸按键、滑条、滚轮等应用。FRDM-KL25Z 评估板上具有滑条的 PCB,如图 13-1 所示,可用于演示滑条应用。

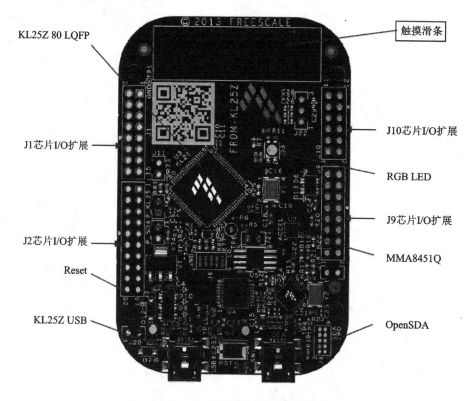

图 13-1 评估板上滑条的位置

第 13 章　TSI 电容式触摸感应模块介绍及操作例程

TSI 电容式触摸感应模块的工作原理本书不作介绍,感兴趣的读者可以去飞思卡尔的网站上获取更多的信息。接下来介绍一下该模块的特性:
- 最高可支持 16 个外界感应电极;
- 可自动感应电极上的电容变化;
- 集成有内部参考振荡器,可实现高精度测量;
- 可配置为软件扫描触发或硬件扫描触发;
- 飞思卡尔提供 TSI 模块操作软件包,可降低开发难度;
- 单片机在低功耗模式下运行,TSI 模块可唤醒单片机;
- 可对电源电压的波动及环境温度的变化进行补偿;
- 感应精度为 16 位;
- 支持 DMA 数据传输。

13.2　TSI 电容式触摸感应模块上手实验(实验十三)

下面演示 TSI 模块的使用。

按照前述实验步骤来新建一个项目,并将 MCU 的时钟模式配置成 PEE,即外部 8 MHz 晶体锁相环倍频。MCU 工作频率设置为 Core clock 48.0 MHz,Bus clock 24.0 MHz,如图 13-2 所示。

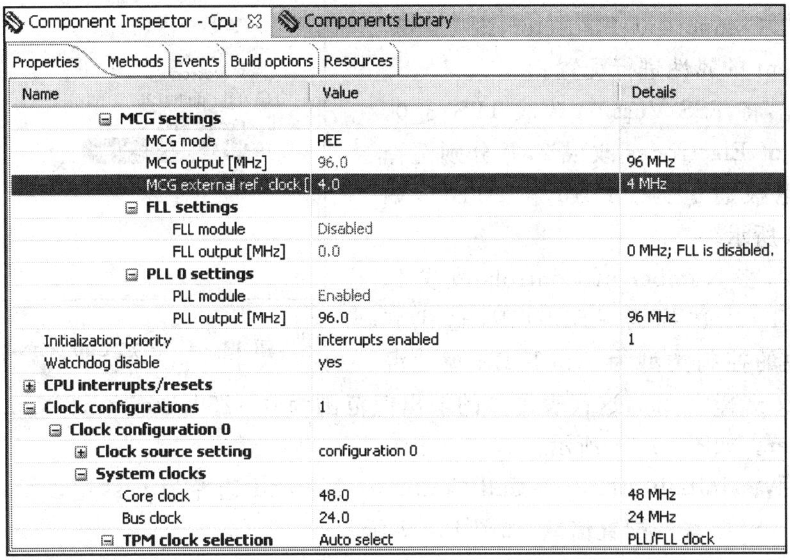

图 13-2　单片机系统时钟设置

单击 Component Library,选择 SW—>Tools Library—>TSS_Library,如图 13-3 所示。

第 13 章　TSI 电容式触摸感应模块介绍及操作例程

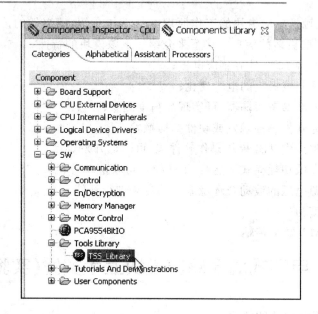

图 13 – 3　选择 Component

双击这个 Component，它会加入到这个工程的 Components Tree 中，如图 13 – 4 所示。

单击 Component Inspector，对 "TSS" Component 的属性进行配置。

首先，将 TSS Version 改成 TSS_3_0，Number of Electrodes 改成 2，并分别选择这两个电极通道为 PTB16 和 PTB17，如图 13 – 5 所示。

然后，将 Number of Controls 改成 1，Control Type 选择为 ASLIDER，这代表 TSI 模块的控制类型为 ASLIDER 模拟滑

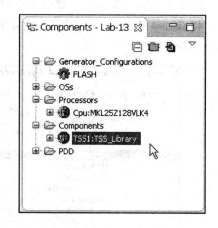

图 13 – 4　添加 Component

条，Range 选择为 255，这代表滑条的输出值范围为 0～255；Structure Name 命名为 My_Slider。如图 13 – 6 所示。

最后，将 Initialization －＞Call Configure Method 选择为 yes，这表示在初始化时，调用 TSI 模块的配置信息，如图 13 – 7 所示。

接下来，进入到 Events 界面，确认 fCalBack0 事件生成代码，如图 13 – 8 所示。

此时，需要单击 Generate Processor Expert Code 按钮，让系统按照配置生成代码，如图 13 – 9 所示。

单击工程树下 Sources 文件夹里的 ProcessorExpert.c 文件。

第13章 TSI电容式触摸感应模块介绍及操作例程

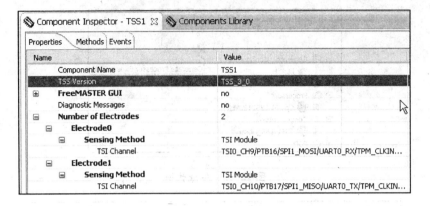

图 13 – 5　属性设置

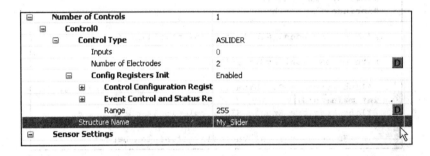

图 13 – 6　属性设置

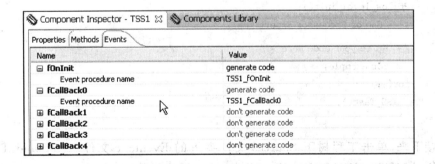

图 13 – 7　属性设置

图 13 – 8　Events 设置

先声明两个变量 myposition 和 mydirection,分别用来存储滑条的位置和手指运动的方向,如图 13 – 10 所示。

第13章 TSI 电容式触摸感应模块介绍及操作例程

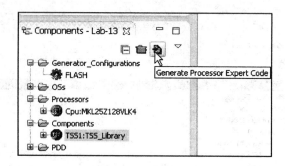

图 13-9 生成代码

```
#include "PE_Const.h"
#include "IO_Map.h"

/* User includes (#include below this line is not maintaine

byte myposition, mydirection;

/*lint -save  -e970 Disable MISRA rule (6.3) checking. */
int main(void)
/*lint -restore Enable MISRA rule (6.3) checking. */
{
    /* Write your local variable definition here */
```

图 13-10 ProcessorExpert.c 文件

在 main()函数的 for(;;)循环中写入如下代码,开启 TSS 任务:

```
{
    / * Write your local variable */
    /*** Processor Expert intern; ***/
    PE_low_level_init();
    /*** End of Processor Expert ***/
    / * Write your code here */
    / * For example: */
    for(;;) {
        TSS_Task();
    }
}
```

接下来,单击工程树下 Sources 文件夹里的 Events.c 文件,找到 void TSS1_fCallBack0(TSS_CONTROL_ID u8ControlId)这个函数:

```
void TSS1_fcallBack09TSS_CONTROL_ID u8ControlId)
{
    if (My_Slider.DynamicStatus.Movement)
```

第13章 TSI 电容式触摸感应模块介绍及操作例程

```
    {
        if (My_Slider. Events. Touch)
        {
            if (!(My_Slider. Events. InvalidPos))
            {
                (void) My_Slider. Position;
                /* Write your code here ... */
            }
        }
        else
        {
            /* Write your code here ... */
        }
    }
```

在其中写下如下代码。这段程序的意思是:将存储滑条的位置和手指运动的方向存储至本地变量 myposition 和 mydirection 中。

```
void TSS1_fCallBack0(TSS_CONTROL_ID u8ControlId)
{
    if (My_Slider. DynamicStatus. Movement)
    {
        if (My_Slider. Events. Touch)
        {
            if (!(My_Slider. Events. InvalidPos))
            {
                (void) My_Slider. Position;
                extern byte myosition, mydirection;
                mydirection = My_Slider. DynamicStatus. Direction;
                myposition = My_Slider. Position;
            }
        }
        else
        {
            /* Write your code here ... */
        }
    }
}
```

接下来,单击"锤子图标" 进行编译,再单击"虫子图标" 进入调试和下载界面。单击"观察器窗口"中的 Variables 栏,如图 13-11 所示。

按右键添加全局变量 Add Global Variables,如图 13-12 所示。

在弹出的全局变量列表中选择 myposition 和 mydirection,如图 13-13 所示。

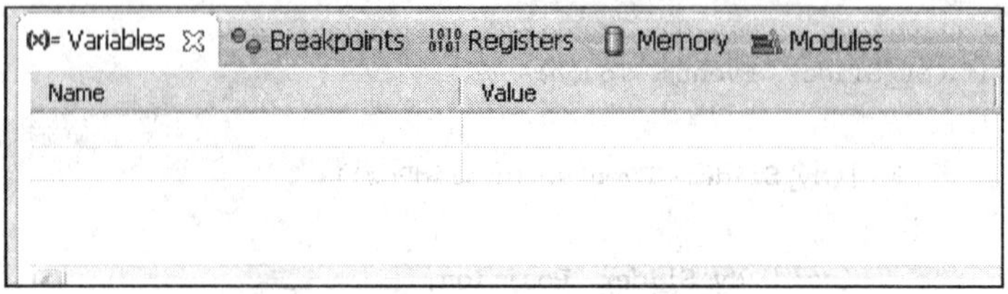

第 13 章　TSI 电容式触摸感应模块介绍及操作例程

图 13-11　观察器窗口

图 13-12　添加全局变量

图 13-13　选择全局变量

第 13 章　TSI 电容式触摸感应模块介绍及操作例程

再单击"刷新"图标 ，选择 Refresh While Running（运行时刷新），如图 13 - 14 所示。

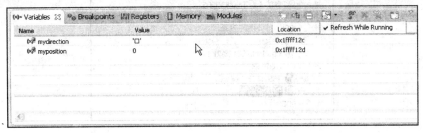

图 13 - 14　"刷新"设置

至此,再单击"运行" 图标,程序开始运行。这时用手指在滑条上移动,可以看到"位置"和"方向信息"的变化,如图 13 - 15 所示。

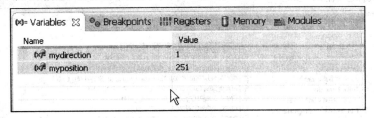

图 13 - 15　全局变量信息

接着,用滑条来控制 LED 灯的亮度。

然后,单击 Component Library, 选择 CPU Internal Peripherals－＞ Timer － ＞ PWM,如图 13 - 16 所示。

双击这个 Component,它会加入到这个工程的 Components Tree 中,如图 13 - 17 所示。

接下来,对一些重要的属性进行配置。

首先,将 Output pin 选择为 PTD1,对应着评估板上的蓝色 LED,如图 13 - 18 所示。

单击 Period 后面的按钮,对 PWM 的周期进行设置,如图 13 - 19 所示。

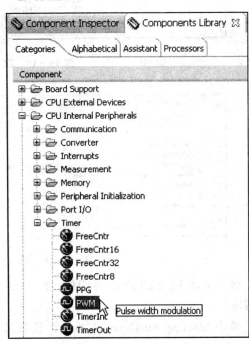

图 13 - 16　选择 Component

第 13 章　TSI 电容式触摸感应模块介绍及操作例程

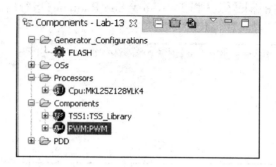

图 13 - 17　添加 Component

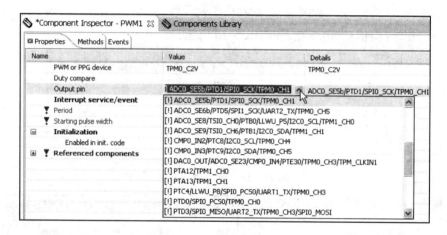

图 13 - 18　属性设置

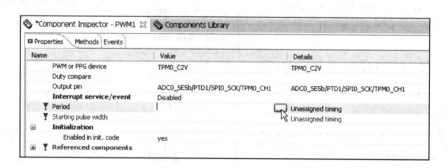

图 13 - 19　PWM 周期设置

弹出如图 13 - 20 所示对话框,在 Value 中填入 1,这代表 PWM 波的频率为 1 kHz。

单击 Starting pulse width 后面的按钮,对 PWM 波的起始脉冲宽度进行设置,如图 13 - 21 所示。

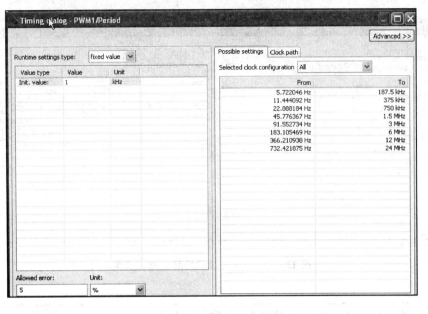

图 13 - 20　PWM 波频率设置

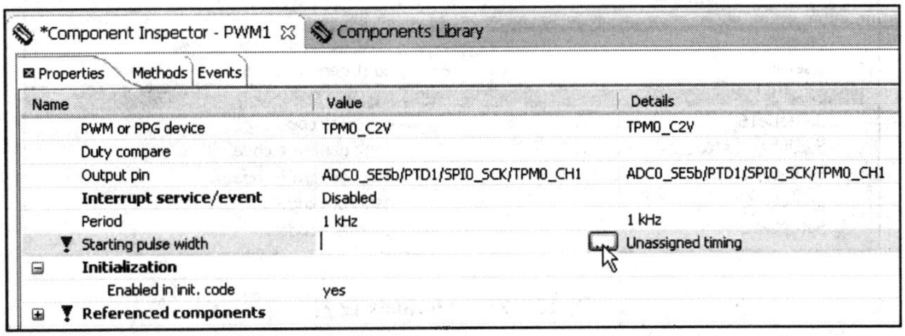

图 13 - 21　PWM 波起始脉冲宽度设置

弹出如图 13 - 22 所示对话框,在 Value 中填入 0,这代表 PWM 波的起始脉冲宽度为 0 ms。

至此,已将 PWM Component 的 Properties(属性)配置好了。

接下来,单击 Methods 界面,确认 SetRatio8 Methods 生成代码。这个 Method 用于设置 PWM 波的占空比,数值设置范围为 0~255,如图 13 - 23 所示。

此时,需要单击 Generate Processor Expert Code 按钮,让系统按照的配置生成代码,如图 13 - 24 所示。

然后,单击工程树下 Sources 文件夹里的 ProcessorExpert.c 文件。在 for(;;)循环中加入如下代码,用来设置 PWM 的占空比:

第13章 TSI 电容式触摸感应模块介绍及操作例程

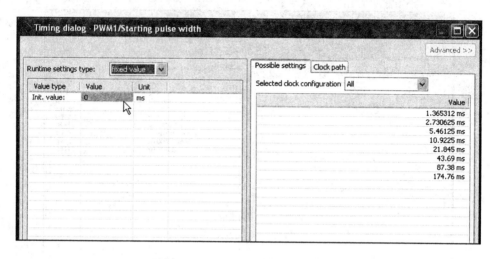

图 13 - 22 PWM 波起始脉冲宽度设置

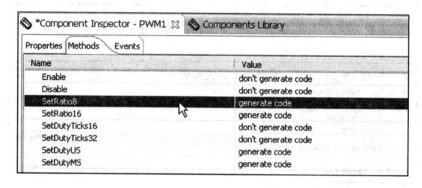

图 13 - 23 Methods 设置

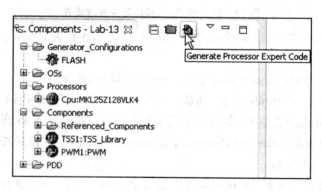

图 13 - 24 生成代码

```
for(;;) {
    TSS_Task();
    PWM1_SetRatio8(myposition);
}
```

最后,单击"锤子图标" 进行编译,再单击"虫子图标" 进入调试和下载界面。单击"运行" 图标,程序开始运行。

这时,可以通过手指在滑条上的运动来控制 LED 的亮度。

至此,TSI 电容式触摸感应模块实验完毕。

第 14 章

I^2C 通信模块介绍及操作例程

14.1 I^2C 通信模块介绍

I^2C(Inter-Integrated Circuit)总线是两线式串行总线,用于连接微控制器及其外围设备,是微电子通信控制领域广泛采用的一种总线标准。它是同步通信的一种特殊形式,具有接口线少,控制方式简单,通信速率较高等优点。

I^2C 总线通过串行数据(SDA)线和串行时钟(SCL)线在连接到总线的器件间传递信息。每个器件都有一个唯一的地址识别,连接到相同总线的 IC 数量只受到总线的最大电容 400 pF 限制。

Kinetis L 系列单片机的 I^2C 通信模块具有如下特性:
- 完全符合 I^2C 总线规范;
- 支持多主机操作;
- 可通过软件设置 64 种不同的串行时钟频率;
- 可通过软件选择应答位;
- 支持 START 和 STOP 信号的生成与检测;
- 支持 Repeated START 信号的生成与检测;
- 支持应答位的生成与检测;
- 总线忙检测;
- 支持 10 位地址扩展;
- 支持 SMBus(System Management Bus)总线规范第 2 版;
- 当单片机在低功耗模式下运行时,如发生从机地址匹配,可将单片机唤醒;
- 支持 DMA 功能。

14.2 I^2C 通信模块上手实验(实验十四)

FRDM-KL25Z 评估板上有一个可以与单片机进行 I^2C 总线通信的器件——MMA8451。MMA8451 是一个 3 轴加速度计。这里只是读取这个 3 轴加速度计的输出值,更复杂的功能不涉及,关于该芯片的详细资料,读者可以去飞思卡尔的网站

第 14 章 I²C 通信模块介绍及操作例程

上进行下载。

按照前述实验步骤来新建一个项目,并将 MCU 的时钟模式配置成 PEE,即外部 8 MHz 晶体锁相环倍频。MCU 工作频率设置为 Core clock 48.0 MHz,Bus clock 24.0 MHz,如图 14-1 所示。

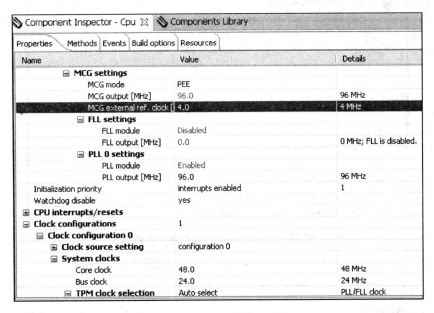

图 14-1 单片机系统时钟配置

接着,需要更新 Component Library 来丰富一下库里的内容。单击 Processor Expert->Import Component(s),如图 14-2 所示。

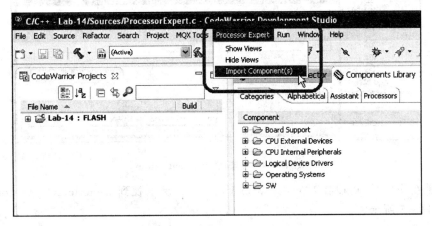

图 14-2 导入新的 Component

在弹出的对话框中找到 GenericI2C.PEupd 升级包所在的文件夹(该升级包可以在网站 http://www.easy-arm.com 下载),并单击"打开"按钮,如图 14-3 所示。

第 14 章 I²C 通信模块介绍及操作例程

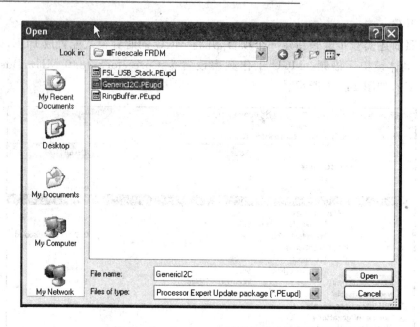

图 14-3 Component 升级包所在路径

此后,升级包会自动更新 Component Library,如图 14-4 所示。

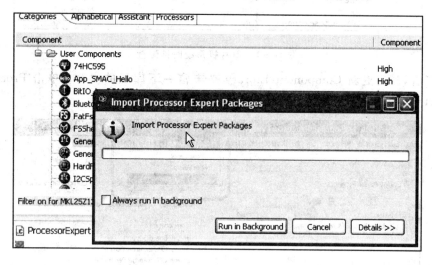

图 14-4 更新 Component Library

更新完成后,可以在 SW—>User Components 下找到 GenericI2C Component,如图 14-5 所示。

双击这个 Component,它会加入到这个工程的 Components Tree 中,如图 14-6 所示。

单击 Referenced_Components 下的 I2C_LDD,如图 14-7 所示。

第 14 章 I²C 通信模块介绍及操作例程

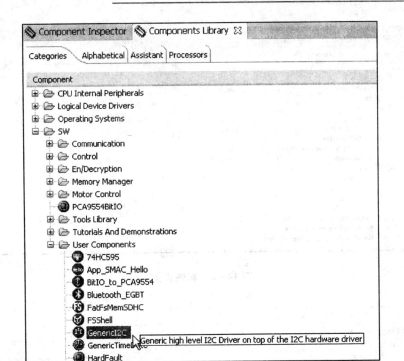

图 14-5 选择 Component

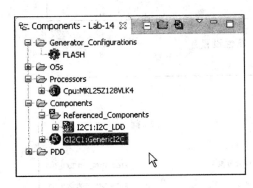

图 14-6 添加 Component

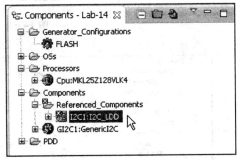

图 14-7 选择 I2C_LDD

在 Component Inspector 下,对 I2C_LDD 的属性进行配置,如图 14-8 所示。

首先,我们将 I2C channel 选择为 I2C0,如图 14-9 所示。

将 Settings->Pins-SDA pin 设置为 PTE25,Settings->Pins-SCL pin 设置为 PTE24,如图 14-10 所示。

单击 Internal frequency(multiplier factor)后面的按钮,如图 14-11 所示。

在弹出的对话框中选中 24 MHz(注:使用最高的 24 MHz 频率可确保 I²C 通信可靠),如图 14-12 所示。

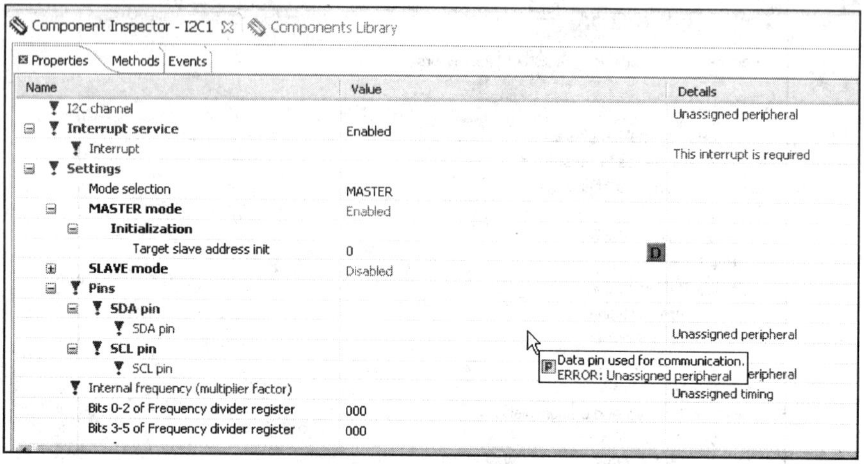

第 14 章　I²C 通信模块介绍及操作例程

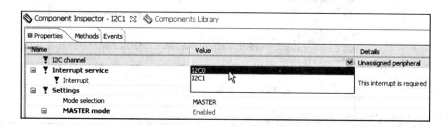

图 14 - 8　属性设置

图 14 - 9　属性设置

图 14 - 10　属性设置

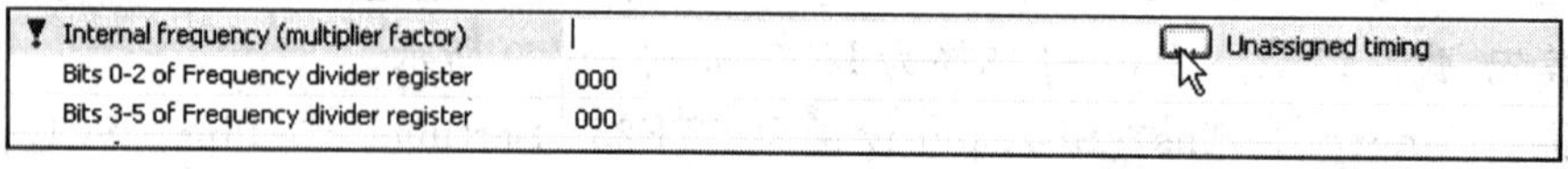

图 14 - 11　属性设置

然后，调节 Frequency divider register 的数值，将 SCL frequency 控制在 400 kHz 以内，如图 14 - 13 所示。

第 14 章　I²C 通信模块介绍及操作例程

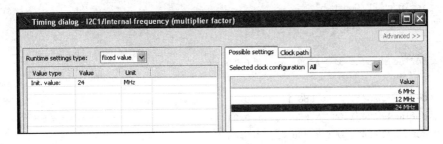

图 14 - 12　属性设置

图 14 - 13　属性设置

最后,将 Target slave address init(从机器件地址)设置为 1D,这个数值是由 MMA8451 这个芯片决定的。注意这时应为十六进制的显示形式,如图 14 - 14 所示。

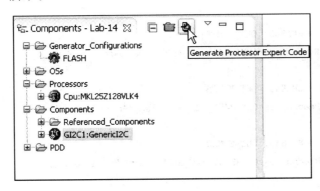

图 14 - 14　属性设置

至此,I²C 模块的属性已配置好了。

此时,需要单击 Generate Processor Expert Code 按钮,让系统按照配置生成代码,如图 14 - 15 所示。

图 14 - 15　生成代码

接下来,单击工程树下 Sources 文件夹里的 ProcessorExpert.c 文件。

先将 MMA8451 中的寄存器进行宏定义,以便后续的操作。

第14章 I²C通信模块介绍及操作例程

```c
#include "PE_Const.h"
#include "IO_Map.h"

#define MMA8451_I2C_ADDR        0x1D

#define MMA8451_CTRL_REG_1      0x2A
#define MMA8451_OUT_X_MSB       0x01
#define MMA8451_OUT_Y_MSB       0x03
#define MMA8451_OUT_Z_MSB       0x05
```

再定义变量 memAddr 和 data，用于对 MMA8451 进行操作；定义变量 X、Y、Z，用于存储 3 轴加速度的数值。

```c
byte memAddr, data;
byte X,Y,Z;
```

在 main() 函数中的 PE 初始化函数后加入如下代码，用于启动 MMA8451。其意思是向 MMA8451 的控制寄存器中写入数值 0x01。

```c
PE_low_level_init();
/*** End of Processor Expert internal initialization.    ***/

memAddr = MMA8451_CTRL_REG_1;
data = 0x01;
GI2C1_WriteAddress(MA8451_I2C_ADDR, &memAddr, 1, &data, 1);
```

接下来，在 for(;;) 循环中加入如下代码，不断读取 X、Y、Z 三轴加速度计的转换数值。这里只读取了 X、Y、Z 三轴加速度计高 8 位转换结果。

```c
for(;;) {

    memAddr = MMA8451_OUT_X_MSB;
    GI2C1_ReadAddress(MMA8451_I2C_ADDR, &memAddr, 1, &X, 1);

    memAddr = MMA8451_OUT_Y_MSB;
    GI2C1_ReadAddress(MMA8451_I2C_ADDR, &memAddr, 1, &Y, 1);

    memAddr = MMA8451_OUT_Z_MSB;
    GI2C1_ReadAddress(MMA8451_I2C_ADDR, &memAddr, 1, &Z, 1);

}
```

接下来，单击"锤子图标" 进行编译，再单击"虫子图标" 进入调试和下载界面。单击"观察器窗口"中的 Variables 栏，如图 14-16 所示。

第 14 章　I²C 通信模块介绍及操作例程

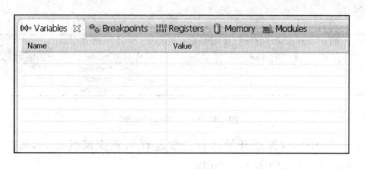

图 14-16　观察器窗口

按右键添加全局变量 Add Global Variables，如图 14-17 所示。

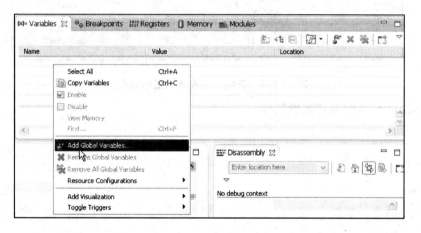

图 14-17　添加全局变量

在弹出的全局变量列表中选择 X、Y、Z，如图 14-18 所示。

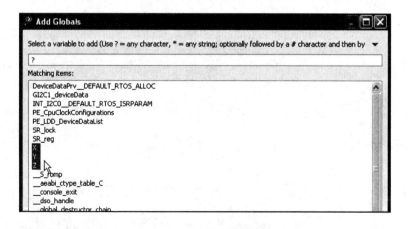

图 14-18　选择全局变量

再单击"刷新"图标，选择 Refresh While Running（运行时刷新），如

第14章 I²C通信模块介绍及操作例程

图 14-19 所示。

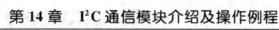

图 14-19 "刷新"设置

单击"运行" 图标,程序开始运行。拿起评估板变换其姿态,可以看到三轴加速度计转换数值的变化,如图 14-20 所示。

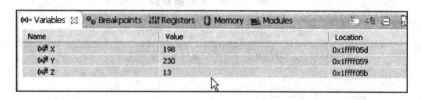

图 14-20 三轴加速度传感器的输出值

至此,I²C 总线通信实验完毕。

第 15 章

USB 通信模块介绍及操作例程

15.1 USB 通信模块介绍

USB 是英文 Universal Serial Bus(通用串行总线)的缩写,是一个外部总线标准,用于规范电脑与外部设备的连接和通信,是在个人电脑领域广泛应用的通信接口技术。USB 接口支持设备的即插即用和热插拔功能。

Kinetis L 系列单片机的 USB 通信模块具有如下特性:
- 完全符合 USB 2.0 总线规范。
- 支持 On-The-Go 功能。
- 集成有 USB 电压稳压器,可提供 120 mA 的输出电流。
- 当 USB 电压稳压器有电压输入时,自动开始工作。
- USB 电压稳压器具有极低的静态电流:运行模式(RUN)下为 120 μA;待机模式(STANDBY)下为 1 μA。

15.2 USB 通信模块上手实验(实验十五)

接下来的实验,将实现 HID(鼠标和键盘)和 CDC 这两种 USB 通信协议的功能。

15.2.1 HID 类 USB 通信协议

HID 是一种 USB 通信协议,无需安装驱动就能进行交互,常用的鼠标和键盘就属于这类 USB 通信协议。

1. HID 类键盘的实现

按照前述实验步骤来新建一个项目,并将 MCU 的时钟模式配置成 PEE,即外部 8 MHz 晶体锁相环倍频。MCU 工作频率设置为 Core clock 48.0 MHz,Bus clock 24.0 MHz,如图 15-1 所示。

单击 Component Library,选择 SW->Communication->FSL_USB_Stack,如图 15-2 所示。

双击这个 Component,它会加入到这个工程的 Components Tree 中,如图 15-3

第 15 章　USB 通信模块介绍及操作例程

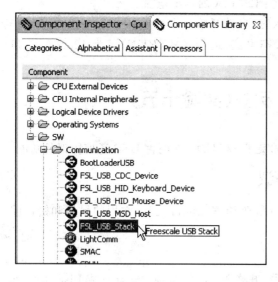

图 15-1　单片机系统时钟配置

所示。

单击 Component Inspector，对 FSL_USB_Stack 的属性进行配置。

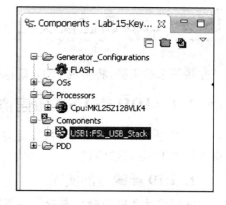

图 15-2　选择 FSL_USB_Stack　　　图 15-3　添加 FSL_USB_Stack

首先，将 USB 选择为 Init_USB_OTG_VAR0，如图 15-4 所示。

将 Device Class 选择为 HID Keyboard Device，如图 15-5 所示。

将 HID Keyboard Device->HID Keyboard 选择为 FSL USB HID Keyboard Device，如图 15-6 所示。

第15章 USB通信模块介绍及操作例程

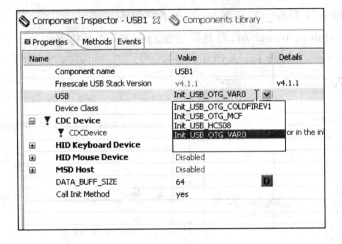

图 15-4 属性设置

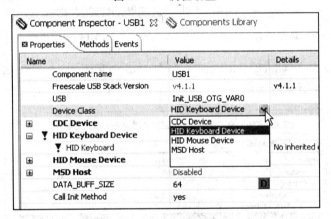

图 15-5 属性设置

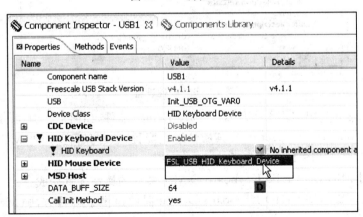

图 15-6 属性设置

第 15 章 USB 通信模块介绍及操作例程

然后,单击 Init_USB_OTG 器件,如图 15-7 所示。

单击 Component Inspector,对其属性进行配置,这里将 Settings—>Clock gate 选择为使能 Enabled,如图 15-8 所示。

图 15-7 属性设置

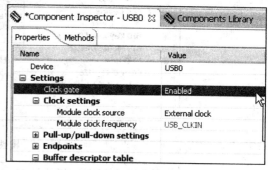

图 15-8 属性设置

将 Settings—>Clock Settings—>Module clock source 选择为 PLL/FLL clock,如图 15-9 所示。

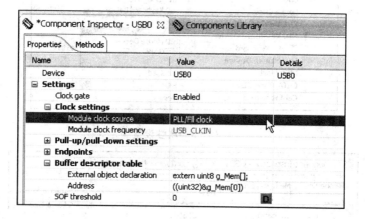

图 15-9 属性设置

接下来,单击 FSL USB HID Keyboard Device 器件,如图 15-10 所示。

单击 Component Inspector,对其属性进行配置,这里只需要选择 MCU 类型,选择 Kinetis KL25,如图 15-11 所示。

至此,对 FSL USB HID Keyboard Device 器件的属性配置完成。

下面,看 FSL USB HID Keyboard Device 器件提供了哪些方法(Methods),如图 15-12 所示。

这些 Methods 的作用如下:

第 15 章　USB 通信模块介绍及操作例程

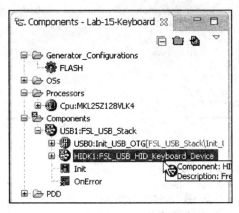

图 15 - 10　属性设置

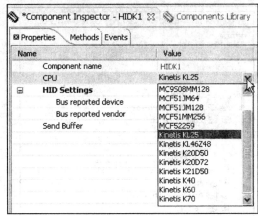

图 15 - 11　属性设置

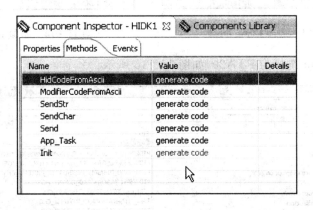

图 15 - 12　Methods 设置

- App_Task()用在周期性循环中，用于周期性向 USB 总线发送数据包；
- SendStr()用于向 USB 数据包中发送字符串，然后通过 App_Task()函数将数据包发送到 USB 总线上；
- SendChar()用于向 USB 数据包中发送字符，然后通过 App_Task()函数将数据包发送到 USB 总线上；
- Send()用于向 USB 数据包中发送按键值，然后通过 App_Task()函数将数据包发送到 USB 总线上。

接下来，再添加一个按钮，如前所述，使用评估板上的 Reset 按键。

单击 Component Library，选择 CPU Internal Peripherals—＞Interrupts—＞ExtInt，如图 15 - 13 所示。

双击这个 Component，它会加入到这个工程的 Components Tree 中，如图 15 - 14 所示。

单击 Component Inspector，对 ExtInt 的属性进行配置。

第 15 章　USB 通信模块介绍及操作例程

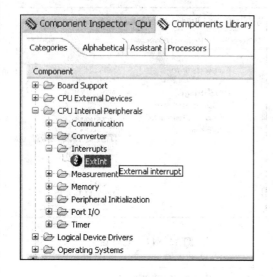

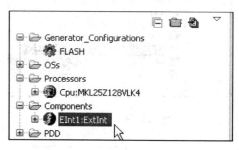

图 15-13　选择 Component　　　　　图 15-14　添加 Component

首先,将 Pin 选择为 PTA20,如图 15-15 所示。

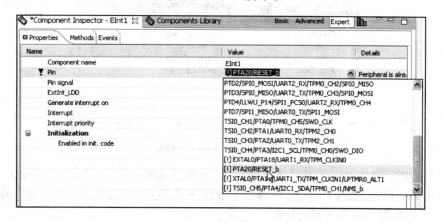

图 15-15　属性配置

这时会出现错误信息,根据错误信息显示,这个引脚已经用于 CPU 这个 Component,如图 15-16 所示。

单击"CPU"Component,在 Component Inspector 中找到 Internal peripherals->Reset control,将其由 Enabled 改成 Disabled,如图 15-17 所示。

此时,错误信息消失,如图 15-18 所示。

然后,继续配置 ExtInt 的属性。将 Generate interrupt on 选择为 falling edge,这代表下降沿将触发中断事件,如图 15-19 所示。

接下来,进入到 Events 界面,确认 OnInterrupt 事件生成代码。这代表着每次下降沿时,都是进入到该中断函数事件,如图 15-20 所示。

第 15 章　USB 通信模块介绍及操作例程

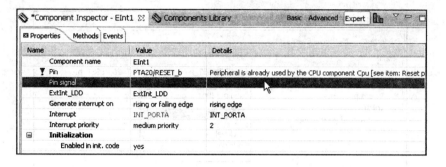

图 15 – 16　错误信息

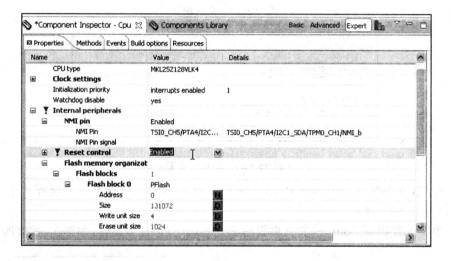

图 15 – 17　属性配置

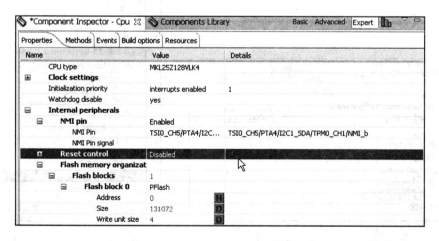

图 15 – 18　属性配置

第 15 章 USB 通信模块介绍及操作例程

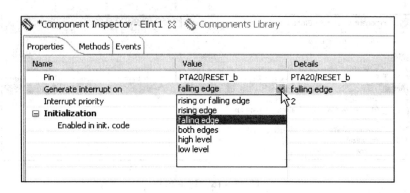

图 15-19 属性配置

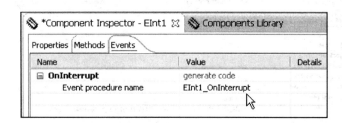

图 15-20 Evnets 设置

此时,需要单击 Generate Processor Expert Code 按钮,让系统按照配置生成代码,如图 15-21 所示。

单击工程树下 Sources 文件夹里的 ProcessorExpert.c 文件,如图 15-22 所示。

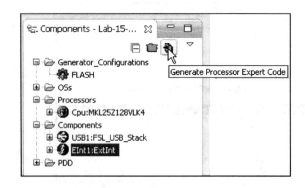

图 15-21 生成代码

图 15-22 ProcessorExpert.c 文件

先声明布尔型变量 Button_Pressed，用来表示按键变化。

```
#include "PE_Types.h"
#include "PE_Error.h"
#include "PE_Const.h"
#include "IO_Map.h"

Button_Pressed = FALSE;
```

在 main() 函数的 for(;;) 循环中写入如下代码，这段代码的意思是：每当按键按下，即通过 USB 总线向主机发送字符串 Hello World。

```
for(;;) {
    if(Button_Pressed)
    {
        HIDK1_SendStr("Hello World");
        HIDK1_Send(MOD IFERKEYS_NONE, KEY_NONE); /* release key */
        HIDK1_App_Task();
        Button_Pressed = FALSE;
    }
}
```

接下来，单击工程树下 Sources 文件夹里的 Events.c 文件，如图 15-23 所示。

找到 void EInt1_OnInterrupt(void) 这个函数：

```
void EInt1_OnInterrupt(void)
{

}
```

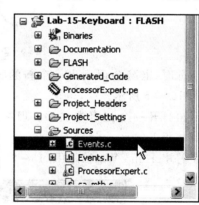

图 15-23　Events.c 文件

在其中写下如下代码。这段程序的意思是：每当按键按下，布尔型变量 Button_Pressed 为真(TRUE)。

```
void EInt1_OnInterrupt(void)
{
    extern bool Button_Pressed;
    Button_Pressed = TRUE;
}
```

单击"锤子图标"　进行编译，然后单击"虫子图标"　进入调试和下载界面，再单击"运行"　图标，程序开始运行。用另外一根 Mini-USB 线来连接 KL25Z USB 接口和电脑，如图 15-24 所示。

第 15 章　USB 通信模块介绍及操作例程

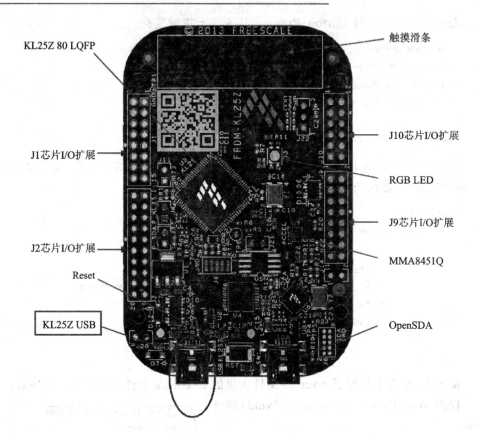

图 15-24　连接 Mini-USB 线

此时,电脑会识别出一个新的 USB 设备,如图 15-25 所示。

再打开一个记事本文件。现在,只要按一下评估板上的 Reset 键,就会在记事本上打印一个字符串 Hello World,如图 15-26 所示。

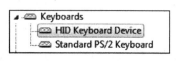

图 15-25　设备管理器里识别出的新设备

图 15-26　实验结果

接下来,再通过 USB 接口发送键值。按键值的宏定义在 HIDK1.h 文件中,如图 15-27 所示。

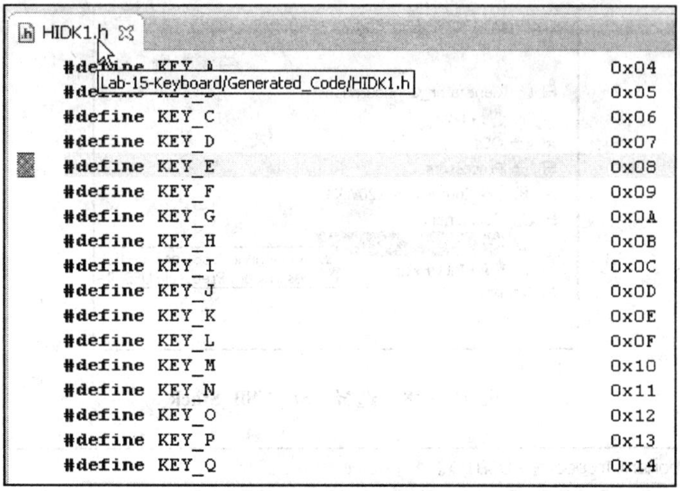

第 15 章　USB 通信模块介绍及操作例程

```
HIDK1.h
#define KEY_   ␣      0x04
               Lab-15-Keyboard/Generated_Code/HIDK1.h   0x05
#define KEY_C         0x06
#define KEY_D         0x07
#define KEY_E         0x08
#define KEY_F         0x09
#define KEY_G         0x0A
#define KEY_H         0x0B
#define KEY_I         0x0C
#define KEY_J         0x0D
#define KEY_K         0x0E
#define KEY_L         0x0F
#define KEY_M         0x10
#define KEY_N         0x11
#define KEY_O         0x12
#define KEY_P         0x13
#define KEY_Q         0x14
```

图 15 - 27　USB 键值宏定义

将 for(;;)函数作如下修改,这次,向 USB 总线上发送键值,键值为 Ctrl+Alt+Delete。

```
for(;;) {
    if(Button_Pressed)
    {
        HIDK1_Send(MOD IFERKEYS_LEFT_CTRL|MODIFERKEYS_RIGHT_ALT, KEY_DELETE);
        HIDK1_Send(MOD IFERKEYS_NONE, KEY_NONE);
        HIDK1_App_Task();
        Button_Pressed = FALSE;
    }
}
```

烧写程序,并让程序运行。此时,只要按一下评估板上的 Reset 键,就会出现 Ctrl+Alt+Delete 的效果。

至此,HID 类键盘实验完毕。

2. HID 类鼠标的实现

接下来,进行 HID 类鼠标的实验。

单击"FSL_USB_Stack"Component,如图 15 - 28 所示。

单击 Component Inspector,将 Device Class 选择为 HID Mouse Device,如图 15 - 29 所示。

将 HID Mouse Device->HID Mouse 选择为 FSL_USB_HID_Mouse_Device,如图 15 - 30 所示。

单击 FSL_USB_HID_Mouse_Device 器件,如图 15 - 31 所示。

第 15 章　USB 通信模块介绍及操作例程

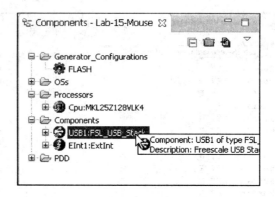

图 15-28　选择 FSL_USB_Stack

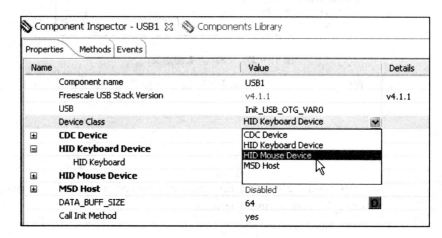

图 15-29　属性设置

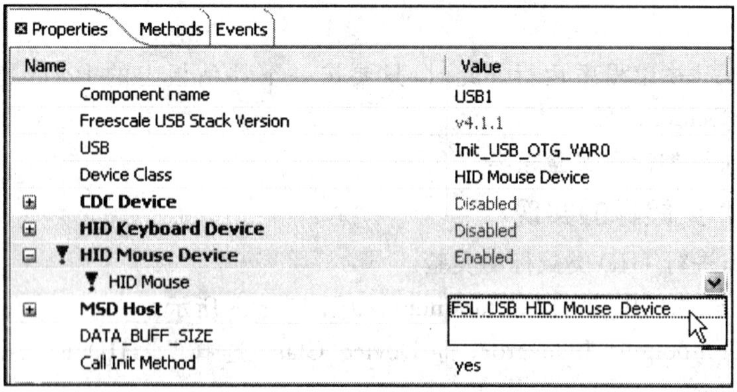

图 15-30　属性设置

　　单击 Component Inspector,对其属性进行配置,这里只需要选择 MCU 类型,选择 Kinetis KL25,如图 15-32 所示。

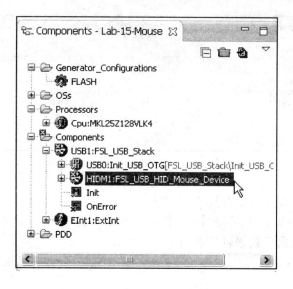

图 15-31　选择 FSL_USB_HID_Mouse_Device

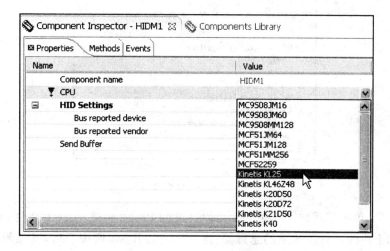

图 15-32　属性设置

至此,对 FSL_USB_HID_Mouse_Device 器件的属性配置完成。

接下来,看 FSL_USB_HID_Mouse_Device 器件提供了哪些方法(Methods),如图 15-33 所示。

这些 Methods 的作用如下:
- App_Task()用在周期性循环中,用于周期性向 USB 总线发送数据包;
- Send()用于向 USB 数据包中发送鼠标移动和按键单击的信息,然后通过 App_Task()函数将数据包发送到 USB 总线上;
- Move()用于向 USB 数据包中发送鼠标移动的信息,然后通过 App_Task()

第15章 USB通信模块介绍及操作例程

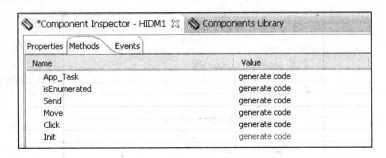

图15-33 Methods设置

函数将数据包发送到USB总线上；
- Click()用于向USB数据包中发送鼠标按键单击的信息,然后通过App_Task()函数将数据包发送到USB总线上。

这时,单击Generate Processor Expert Code按钮,让系统按照配置生成代码,如图15-34所示。

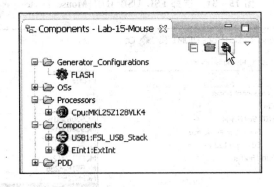

图15-34 生成代码

接下来,单击工程树下Sources文件夹里的ProcessorExpert.c文件,将for(;;)函数作如下修改。这段函数的意思是:当评估板的Reset键按下后,鼠标的位置沿X轴和Y轴各移动15个单位,并单击鼠标的右键。

```
for(;;) {
    if(Button_Pressed)
    {
        HIDK1_move(15,15);
        HIDK1_Click(HIDM1_MOUSE_RIGHT );
        HIDK1_App_Task();
        Button_Pressed = FALSE;
    }
}
```

烧写程序,并让程序运行。再用另外一根 USB 线来连接 KL25Z USB 接口和电脑,如图 15-35 所示。

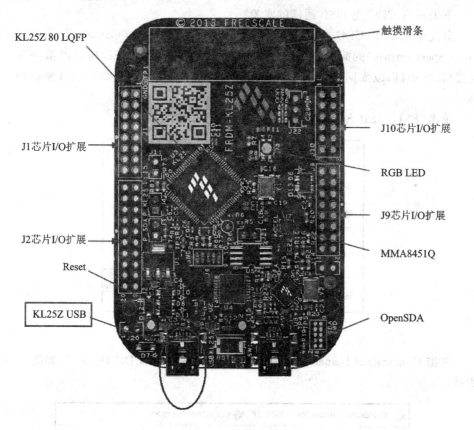

图 15-35 连接 Mini-USB 线

此时,电脑会识别出一个新的 USB 设备,HID-compliant mouse,如图 15-36 所示。

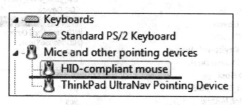

图 15-36 设备管理器里识别出的新设备

这时,只要按一下评估板上的 Reset 键,就会出现鼠标移动并且单击鼠标右键的效果。

至此,HID 鼠标实验完毕。

15.2.2 CDC 类 USB 通信协议

下面进行 CDC 类 USB 通信的实验。

首先介绍一下 CDC 类。CDC 类是 USB 通信设备类（Communication Device Class Specification）的简称，可以通过 USB CDC 协议来将 USB 接口虚拟为其他通信接口，如串口、以太网接口、ISDN 接口等。所做的实验就是要用 USB 来虚拟一个串口。

单击"FSL_USB_Stack"Component，如图 15-37 所示。

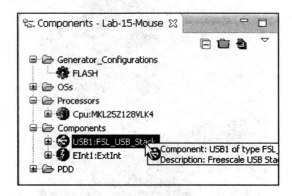

图 15-37 选择 FSL_USB_Stack

单击 Component Inspector，将 Device Class 选择为"CDC Device"，如图 15-38 所示。

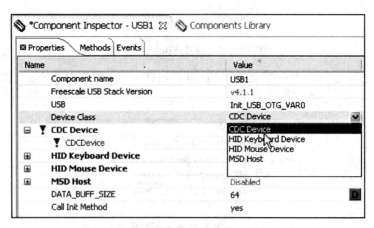

图 15-38 属性设置

将 CDC Device->CDCDevice 选择为 FSL USB CDC Device，如图 15-39 所示。

接下来，单击 FSL USB CDC Device 器件，如图 15-40 所示。

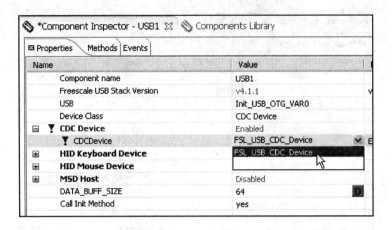

图 15-39 属性设置

图 15-40 选择 FSL USB CDC Device

单击 Component Inspector,对其属性进行配置,这里只需要选择 MCU 类型,选择 Kinetis KL25,如图 15-41 所示。

至此,对 FSL USB CDC Device 器件的属性配置完成。

接下来,看 FSL USB CDC Device 器件提供了哪些方法(Methods),如图 15-42 所示。

这些 Methods 的作用如下:
- App_Task()用在周期性循环中,用于周期性向 USB 总线发送数据包;
- SendChar()用于向 USB 数据包中发送字符,然后通过 App_Task()函数将数据包发送到 USB 总线上;
- SendString()用于向 USB 数据包中发送字符串,然后通过 App_Task()函数

第 15 章 USB 通信模块介绍及操作例程

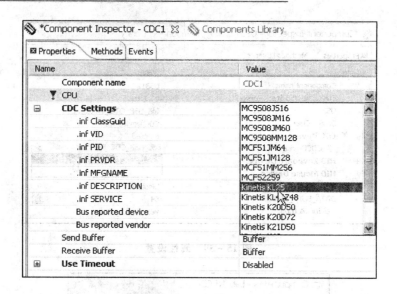

图 15-41 属性设置

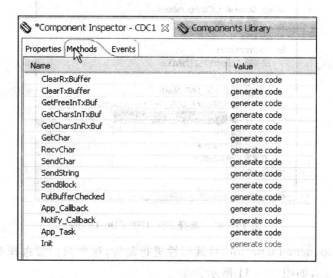

图 15-42 Methods 设置

将数据包发送到 USB 总线上。
- GetCharInTxBuf()获得发送 Buffer 里的字符个数。
- GetCharInRxBuf()获得接收 Buffer 里的字符个数。
- GetChar()将接收 Buffer 里的字符取出。

单击 Generate Processor Expert Code 按钮,让系统按照配置生成代码,如图 15-43 所示。

接下来,单击工程树下 Sources 文件夹里的 ProcessorExpert.c 文件,如

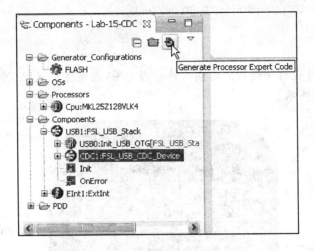

图 15-43 生成代码

图 15-44 所示。

首先,定义两个数组,分别用于数据的接收和发送。

```
#include "PE_Const.h"
#include "IO_Map.h"

CDC_TX_buffer[16];
CDC_RX_buffer[16];
```

接下来,在 for(;;) 函数写入如下代码。这段函数的意思是:先调用 App_Task 任务,若"接收 Buffer"中有数据,则将其中的数据读取出来再转存到"发送 Buffer"中,再将"发送 Buffer"中的数据发送出去。

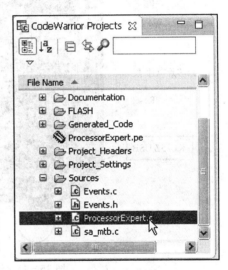

图 15-44 ProcessorExpert.c 文件

```
for(;;) {
    CDC1_App_Task(CDC_RX_buffer, sizeof(CDC_RX_buffer));
    if (CDC1_GetCharsInRxBuf()! = 0) {
        byte i = 0;
        while (i<CDC1_GetCharsInRxBuf())
        {
            CDC1_GetChar(&CDC_TX_buffer[i]) == ERR_OK;
            i++;
        }
```

第15章 USB通信模块介绍及操作例程

```
        CDC1_SendString(CDC_TX_buffer);
      }
}
```

烧写程序,并让程序运行。再用另外一根 USB 线来连接 KL25Z USB 接口和电脑,如图 15-45 所示。

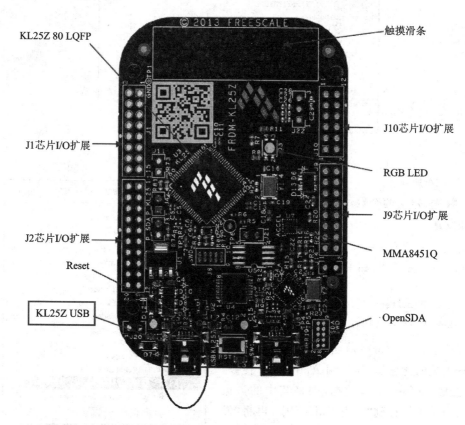

图 15-45 连接 Mini-USB 线

这时,会出现"发现新硬件"的提示,如图 15-46 所示。

图 15-46 发现新硬件

手动指定"驱动程序"的路径,如图 15-47 所示。

驱动文件已由 Processor Expert 系统自动生成,在路径\\:Lab-15-CDC\Documentation\cdc.inf 中,如图 15-48 所示。

第 15 章 USB 通信模块介绍及操作例程

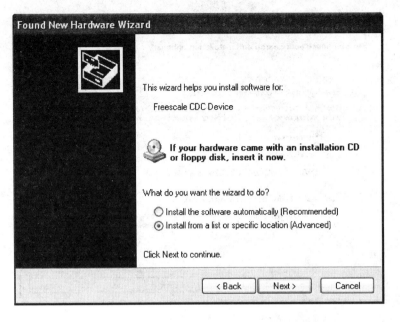

图 15-47 安装 CDC 类驱动文件

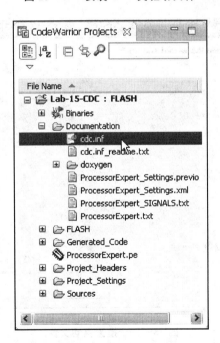

图 15-48 CDC 类驱动文件路径

指定驱动文件的路径,如图 15-49 所示。

驱动文件搜索中……如图 15-50 所示。

第 15 章 USB 通信模块介绍及操作例程

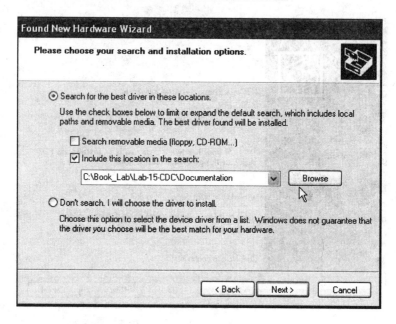

图 15-49 指定 CDC 类驱动文件路径

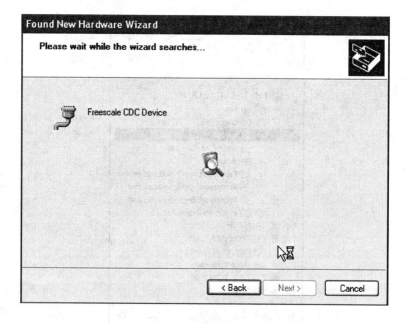

图 15-50 搜索驱动文件

单击"继续安装",如图 15-51 所示。

驱动程序安装中……如图 15-52 所示。

驱动程序安装完成后,会在"设备管理器"中找到一个虚拟的串口,如图 15-53

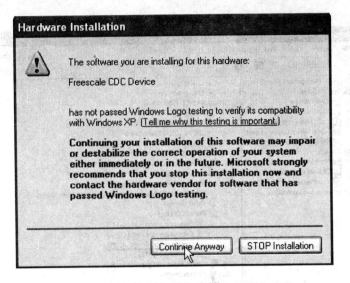

图 15-51　安装驱动程序

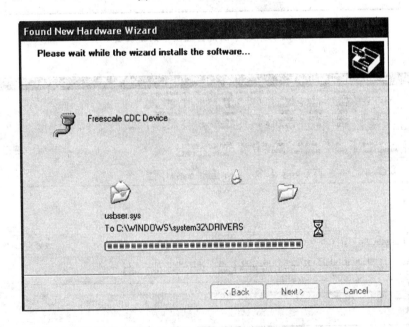

图 15-52　驱动程序安装中

所示。

此时，打开串口助手工具。Baud rate 可选择为任意值，单击 Connect，如图 15-54 所示。

此时，向评估板发送的字符串会从评估板再返回来，如图 15-55 所示。

至此，CDC 类实验完毕。

第 15 章 USB 通信模块介绍及操作例程

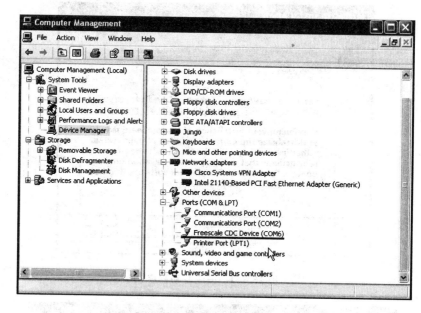

图 15-53 设备管理器中的新设备

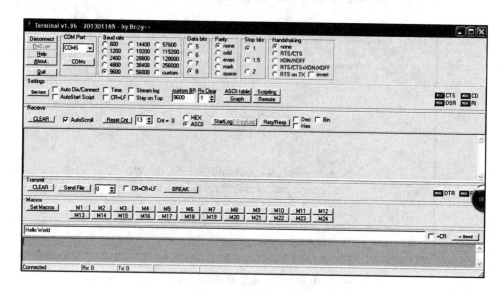

图 15-54 串口助手界面

第 15 章　USB 通信模块介绍及操作例程

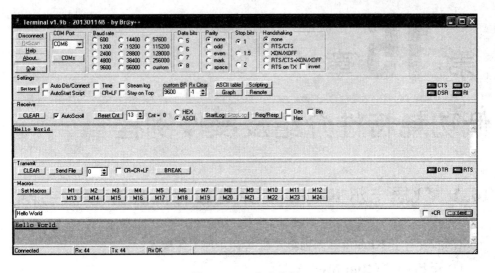

图 15-55　实验效果

第 16 章

低功耗特性介绍及操作例程

16.1 飞思卡尔 Kinetis L 系列单片机低功耗特性介绍

首先,看一下 Kinetis L 系列单片机共有几种工作模式:

1. 运行模式(Run Mode)

芯片全功能工作,电流消耗 I_{DD} 因运行频率不同而不同,为 1.5~70 mA。

2. 超低功耗运行模式(VLPR Mode)

此时总线频率被限定在 1 MHz;FLASH 频率被限定在 1 MHz,不可对 FLASH 进行编程和擦写;Flex Memory(EEPROM)不可编程。Kinetis L 系列 MCU 在 VLPR 模式下的电流消耗 I_{DD} 为 200 μA~1 mA,这与运行频率有关。

3. 等待模式(Wait Mode)

等待模式下内核进入到 Sleep 模式。可以响应中断,各片上外设维持运行,Flex Memory(EEPROM)不可编程。当有中断事件产生时,内核将会退出 Sleep 模式,即恢复到正常运行模式(Run Mode)。

等待模式下的电流消耗 I_{DD} 比正常运行模式下的电流消耗低 5~10 mA。

4. 超低功耗等待模式(VLPW)

只可由超低功耗运行模式(VLPR Mode)进入到超低功耗等待模式(VLPW)。超低功耗等待模式下,内核进入到 Sleep 模式。可以响应全部中断,各片上外设维持低速运行,Flex Memory(EEPROM)不可编程。当有中断事件产生时,内核将会退出 Sleep 模式,即恢复到正常运行模式(Run Mode)或超低功耗运行模式(VLPR Mode)。

超低功耗等待模式的电流消耗 I_{DD} 比超低功耗运行模式的电流消耗低 0.5~1 mA。

5. 正常 STOP 模式

正常 STOP 模式下,内核进入到 Deep Sleep 模式,SRAM 内容将被保存,系统和各外设的时钟停止,可以响应 LLWU 中断。正常 STOP 模式下的电流消耗 I_{DD} 约为

200 μA。

6. 超低功耗 STOP 模式(VLPS)

超低功耗 STOP 模式下，内核进入到 Deep Sleep 模式，SRAM 内容将被保存，系统和各外设的时钟停止，可以响应 LLWU 中断。正常 STOP 模式下的电流消耗 I_{DD} 为 200 μA～1 mA。

7. 低漏电 STOP 模式(LLS)

低漏电 STOP 模式下，内核进入到 Deep Sleep 模式，SRAM 内容将被保存，系统和各外设的时钟停止，可以响应 LLWU 中断。正常 STOP 模式下的电流消耗 I_{DD} 为 2～200 μA。

8. 超低漏电 STOP 模式(VLLS)

超低漏电 STOP 模式下，内核进入到 Deep Sleep 模式，SRAM 内容将被保存，系统和各外设的时钟停止，可以响应 LLWU 中断。超低漏电 STOP 模式下的电流消耗 I_{DD} 为 0.5～3 μA。

现将以上几种运行模式的功耗及唤醒恢复时间汇总，如表 16-1 所列。

表 16-1　几种运行模式下的功耗及唤醒恢复时间

单片机运行模式	唤醒恢复时间/μs	电流消耗(3V@25 ℃)
RUN	—	79 μA/MHz
VLPR	—	39 μA/MHz
WAIT	1.6	2.7 mA @ 48 MHz
VLPW	1.6	110 μA @ 4 MHz
STOP	1.3	301 μA
VLPS	4.2	2.3 μA
LLS	4.3	1.7 μA
VLLS3	39	1.3 μA
VLLS1	91	700 nA
VLLS0	91	139～310 nA

由以上内容可以看出，在单片机不工作的情况下，进入 LLS 模式和 VLLS 模式是最为省电的。

16.2　低功耗特性上手实验(实验十六)

16.2.1　由 VLLS 模式唤醒

接下来所做的实验就是让 MCU 先工作几秒钟，然后进入到 VLLS 模式。这时，

第 16 章 低功耗特性介绍及操作例程

MCU 的功耗会大幅降低,然后再通过外部引脚上的电平变化,将 MCU 唤醒。

首先,按照前述实验,先新建一个项目,命名为 Lab - 16。然后,单击"CPU" Component,进入到 CPU 的设置界面,并切换到专家视图模式,如图 16 - 1 所示。

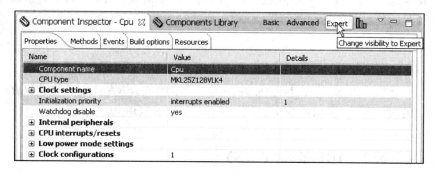

图 16 - 1 Cpu 设置

无需对时钟进行设置,使用默认的 FEI 模式即可,如图 16 - 2 所示。

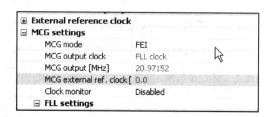

图 16 - 2 单片机系统时钟设置

将 Low power mode setting—>Operation mode settings—>STOP operation mode 选择为使能 Enabled,并将 Low Power mode 选择为 VLLS0,如图 16 - 3 所示。

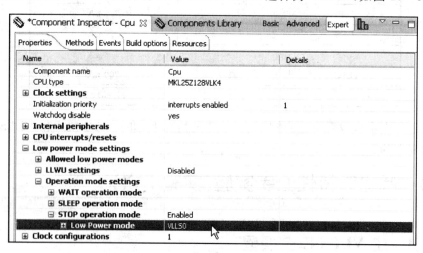

图 16 - 3 低功耗模式设置

第 16 章　低功耗特性介绍及操作例程

然后,将 Low power mode setting->LLWU settings->Settings->External pin 5(PTB0)选择为 Falling edge 下降沿有效,如图 16-4 所示。

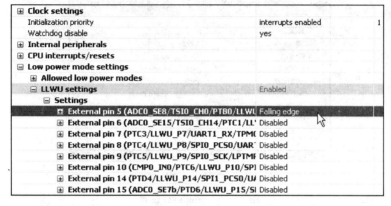

图 16-4　低功耗模式设置

单击 Methods 界面,确认 SetOperationMode 方法生成代码。SetOperationMode 方法用于 MCU 各种工作模式的切换。关于该函数的形式参数如何填写,请参考帮助文档,如图 16-5 所示。

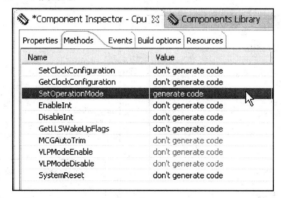

图 16-5　Methods 设置

接下来,按照前述实验的步骤,增加一个 LED 用于显示 MCU 的工作状态。Pin for I/O 选择为 PTD1,如图 16-6 所示。

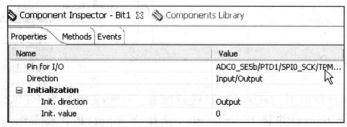

图 16-6　BitIO 属性设置

第 16 章　低功耗特性介绍及操作例程

确保 NegVal 生成代码 generate code,如图 16-7 所示。

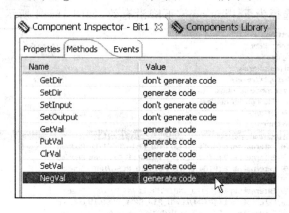

图 16-7　Methods 设置

单击 Component Library,选择 CPU Internal Peripherals—>Peripherals Initialization—>Init_GPIO,如图 16-8 所示。

双击这个 Component,它会加入到这个工程的 Components Tree 中,如图 16-9 所示。

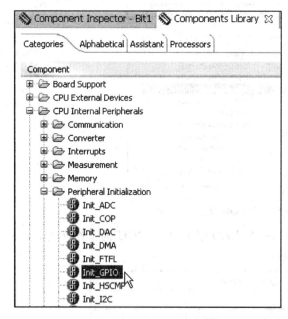

图 16-8　选择 Init_GPIO

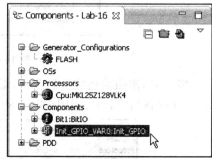

图 16-9　添加 Init_GPIO

单击 Component Inspector,对其进行配置。Device 选择为 PTB,Settings—>Pin0 选择为 Initialize,并将 Pin direction 选择为 Input,Pull resistor 选择为 Enabled,如图 16-10 所示。

第16章 低功耗特性介绍及操作例程

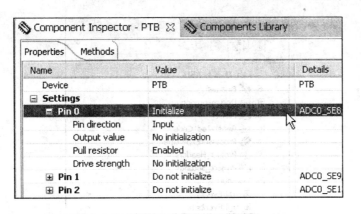

图 16-10 属性设置

确保 Initialization—>Call Init method 选择为 yes,如图 16-11 所示。

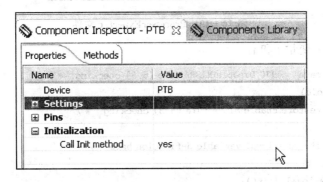

图 16-11 属性设置

此时,需要单击 Generate Processor Expert Code 按钮,让系统按照配置生成代码,如图 16-12 所示。

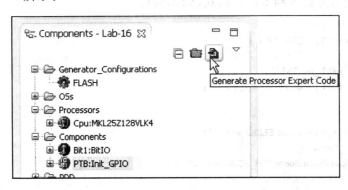

图 16-12 生成代码

接下来,单击工程树下 Sources 文件夹里的 ProcessorExpert.c 文件,如图 16-13 所示。

第 16 章 低功耗特性介绍及操作例程

图 16 – 13 ProcessorExpert.c 文件

先声明两个变量 i 和 j：

```
/* lint - save - e970 Disable MISRA rule (6.3) checking. */
int main(void)
/* lint - restore Enable MISRA rule (6.3) checking. */
{
    /* Write your local variable definition here */
    word i, j;
    PE_low_level_init();
    /*** End of Processor Expert internal initialization. ***/
```

再在 main()函数的 for(;;)循环中写入如下代码,这段代码先让 LED 快速闪烁 25 次,然后熄灭并进入到 STOP 模式(VLLS0)。

```
for(;;) {
    for(i = 0;i<50;i++)
    {
        Bit1_NegVal();
        for(j = 0;j<60000;j++);
    }

    ////////*** Go To SLEEP *** ///////
    Bit1_SetVal();
Cpu_SetOperationMode(DOM_STOP,NULL,NULL);
}
```

单击"锤子图标" 进行编译,再单击"虫子图标" 进入调试和下载界面,单击"运行" 图标,程序开始运行。此时会看到 LED 快速闪烁后,调试界面显示 MCU 与调试器失去连接的信息。这表明,MCU 已进入 STOP 模式,如图 16 – 14 所示。

第 16 章 低功耗特性介绍及操作例程

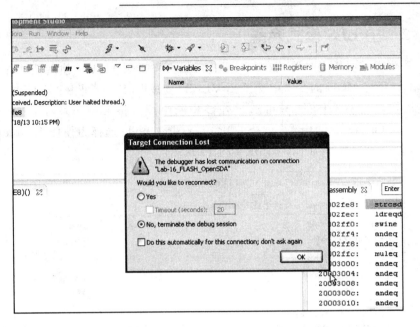

图 16-14 单片机进入 STOP 模式

最后,用导线短接 PTB0 引脚和 GND,如图 16-15 所示。LED 会重新闪烁起来。这表明单片机从 STOP 模式中被唤醒,又继续进行工作。闪烁几次后,又会进入到 STOP 模式。

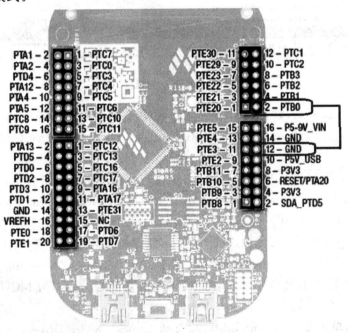

图 16-15 如何唤醒单片机

16.2.2 由 LLS 模式唤醒

下面改用低功耗定时器(Low Power Timer)来唤醒 MCU。使用低功耗定时器唤醒 MCU 需将 MCU 的 STOP 模式由 VLLS0 变成 LLS。这是由于 VLLS0 模式下各个定时器均是不工作的，只可通过外部中断唤醒。将 Low power mode setting->Operation mode settings->STOP operation mode 选择为使能 Enabled，并将 Low Power mode 选择为 LLS，如图 16-16 所示。

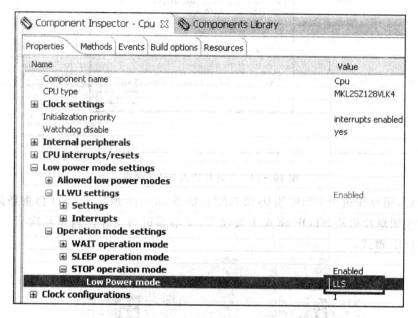

图 16-16 低功耗模式设置

还需要注意一点，就是将 LLWU 中断使能。将 Low power mode setting->LLWU settings->Interrupts->Interrupt request 选择为 Enabled，如图 16-17 所示。

之所以要将 LLWU 中断使能，是由于在芯片的数据手册里写道："The LLWU interrupt must not be masked by the interrupt controller to avoid a scenario where the system does not fully exit stop mode on an LLS recovery."这句话的意思是说：如不使能 LLWU 中断，可能会造成 MCU 不能完全退出 STOP 模式。

最后，将 Low power mode setting->LLWU settings->Settings->Internal module 0(LPTMR0)选择为 Enabled 使能，将低功耗定时器作为 MCU 的一个唤醒源，如图 16-18 所示。

接下来，单击 Component Library，选择 Logical Device Drivers->Timer->TimerInt_LDD，如图 16-19 所示。

第16章 低功耗特性介绍及操作例程

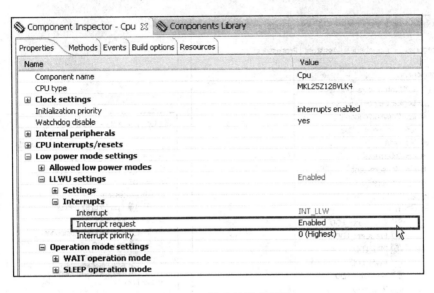

图 16-17 低功耗模式设置

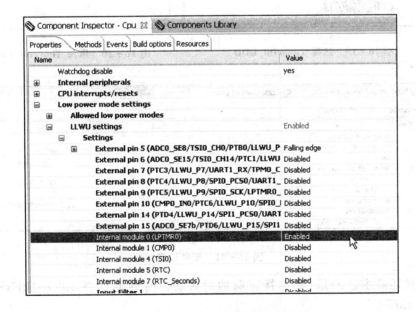

图 16-18 低功耗模式设置

双击这个 Component,它会加入到这个工程的 Components Tree 中,如图 16-20 所示。

单击 Component Inspector,对其进行配置。

单击 Interrupt period 后面的按钮,对定时周期进行设置,如图 16-21 所示。

在弹出的对话框中选择周期为 8 s,如图 16-22 所示。

第 16 章　低功耗特性介绍及操作例程

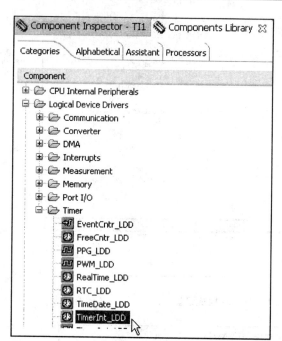

图 16-19　选择 TimerInt_LDD

图 16-20　添加 TimerInt_LDD

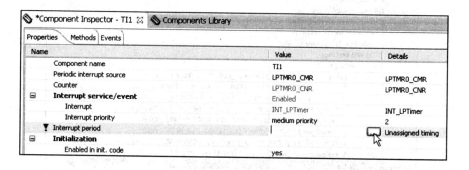

图 16-21　属性设置

这里还需注意的是，要选择正确的时钟源。时钟源选择 LPO_1kHzSrc，如图 16-23 所示。

最后，确保 Initialization—>Auto Initialization 选择为 yes，如图 16-24 所示。

此时，需要单击 Generate Processor Expert Code 按钮，让系统按照配置生成代码，如图 16-25 所示。

由于使能了 LLWU 中断，需要在该中断中清 0 低功耗定时器的中断标志位。具体步骤如下：

单击工程树下 Sources 文件夹里的 Events.c 文件，如图 16-26 所示。

第 16 章　低功耗特性介绍及操作例程

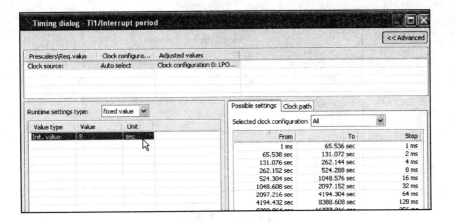

图 16 – 22　属性设置

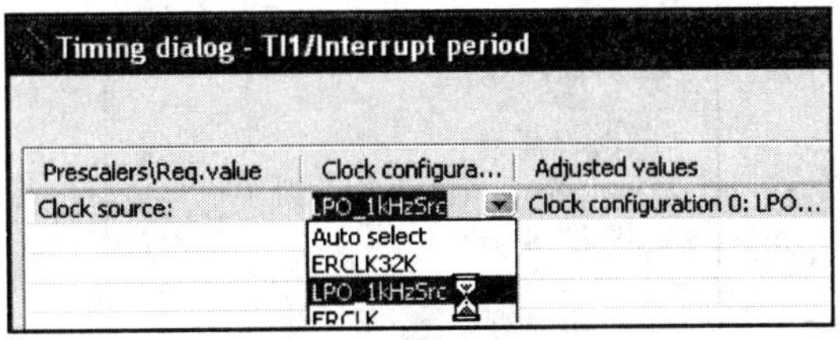

图 16 – 23　选择时钟源

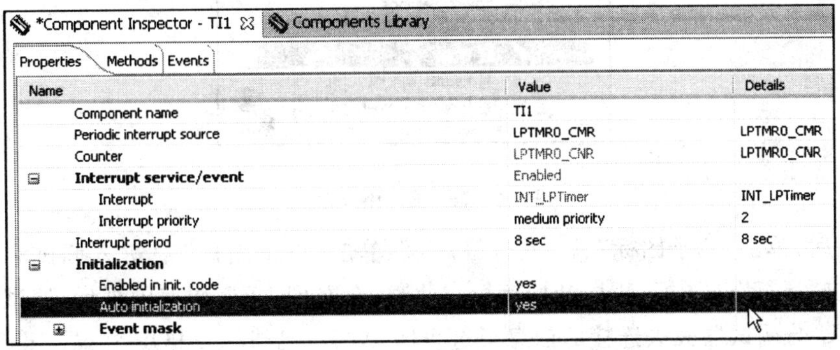

图 16 – 24　属性设置

在 Event.c 文件中找到 void Cpu_OnLLSWakeUpINT(void)这个函数,并在其中写下如下代码:

```
void Cpu_OnLLSWakeUpINT(void)
{
    LPTMR_PDD_ClearInterruptFlag(LPTMR0_BASE_PTR); /* Clear interrupt flage */
}
```

第 16 章 低功耗特性介绍及操作例程

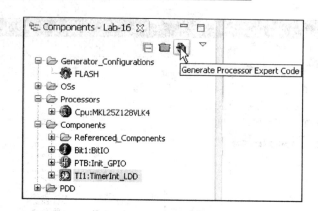

图 16-25 生成代码

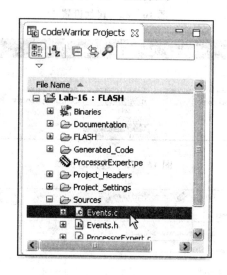

图 16-26 Events.c 文件

最后,单击"锤子图标" 进行编译,再单击"虫子图标" 进入调试和下载界面,单击"运行" 图标,程序开始运行。此时,会看到 LED 快速闪烁后,调试界面显示 MCU 与调试器失去连接的信息。这表明,MCU 已进入 STOP 模式。此后,经过 8 s 的延时,MCU 会被低功耗定时器唤醒,LED 重新闪烁起来,闪烁几次后,又会进入到 STOP 模式。此外,这时也可以用导线短接 PTB0 引脚和 GND,来唤醒 MCU。

参考文献

[1] Freescale Semiconductor. KL25 Sub-Family Reference Manual.
[2] Freescale Semiconductor. Kinetis KL25 Sub-Family Data Sheet.
[3] Freescale Semiconductor. FRDM-KL25Z User's Manual.
[4] Freescale Semiconductor. FRDM-KL25Z Schematics.
[5] Freescale Semiconductor. Xtrinsic MMA8451Q 3-Axis, 14-bit/8-bit Digital Accelerometer Data Sheet.